高等院校艺术学门类『十三五』规划教材

住宅室内设计

ZHUZHAI SHINEI SHEJI

主　编　张　洋　罗　雪　崔宏伟

副主编　刘　斌　苏亚飞　任军君　陈婷婷　邱　萌

参　编　黄　信　倪晓静　梁　潇

华中科技大学出版社
http://www.hustp.com
中国·武汉

内容简介

本书根据当前社会对高校环境艺术设计专业人才的培养要求编写而成，注重学生设计思维能力的提高及设计实践能力的提升。本书编写符合环境艺术设计本科教学规范，内容系统全面、图文并茂，具有较强的实用性和借鉴性。

全书分为八章，分别是住宅室内设计概述、住宅室内空间设计、住宅室内设计的流程、住宅室内设计的装饰材料运用、住宅室内设计与人体工程学、住宅室内色彩设计、住宅室内照明设计、住宅室内设计实践。

本书可以作为环境艺术设计专业、建筑艺术设计专业的教材，也可以作为环境艺术设计爱好者、建筑设计工作者的参考书。

图书在版编目（CIP）数据

住宅室内设计 / 张洋，罗雪，崔宏伟主编. — 武汉：华中科技大学出版社，2014.6 (2021. 8 重印)

ISBN 978-7-5680-0200-4

Ⅰ.①住… Ⅱ.①张… ②罗… ③崔… Ⅲ.①住宅－室内装饰设计－高等学校－教材 Ⅳ.①TU241

中国版本图书馆 CIP 数据核字(2014)第 135898 号

住宅室内设计　　张洋　罗雪　崔宏伟　主编

策划编辑：曾　光　彭中军
责任编辑：彭中军
封面设计：龙文装帧
责任校对：周　娟
责任监印：张正林
出版发行：华中科技大学出版社（中国·武汉）
武昌喻家山　邮编：430074　电话：（027）81321915
录　排：龙文装帧
印　刷：武汉科源印刷设计有限公司
开　本：880 mm × 1230 mm　1/16
印　张：7.5
字　数：234 千字
版　次：2021 年 8 月第 1 版第 3 次印刷
定　价：47.00 元

前言

“住宅室内设计”是高等学校环境艺术设计专业的专业必修课程，是环境艺术设计专业重要的课程组成部分。通过本课程的学习，使学生对室内设计，特别是住宅室内设计的概念、发展、意义和作用有一个系统、清晰的认识，并且通过住宅室内设计理念学习与设计实践技能的训练，掌握住宅室内设计的设计流程及设计要点，以及空间设计、材料运用、色彩设计、照明设计等内容的设计原则和设计方法，为其他专业课程的学习奠定扎实的基础。

本书本着实用、系统、创新的原则，力求全面体现艺术设计类教材的特点，图文并茂，案例新颖，集理念性、知识性、实践性、启发性与创新性于一体。本书在传统理论教材模式的基础上有所突破，更加贴近学生的阅读习惯和学习特点，以培养学生的求知和专业实践的能力。

本书在编写的过程中参考了大量的图片和文字资料。在此感谢武汉大学城市设计学院设计系环境设计教研室副主任罗雪老师，华中师范大学武汉传媒学院动画学院教研室主任崔宏伟老师，湖北经济学院艺术学院刘斌老师、陈婷婷老师，武昌工学院艺术设计学院视觉传达教研室主任苏亚飞老师，湖北经济学院艺术学院副院长任军君老师，湖北生物科技职业学院邱萌老师，湖北工业大学工程技术学院艺术设计系黄信老师，华中农业大学楚天学院倪晓静老师，武汉生物工程学院艺术系梁潇老师的鼎力合作与支持。感谢武汉光环映像设计公司提供的设计案例和图片资料。由于地址不详或其他原因，部分案例图片的设计者及教师，以及对本书的编写提供帮助的人士和单位在这里可能没有提及，在此深表谢意。

由于编写时间仓促，编者水平有限，本书中难免有一些欠妥之处，恳请广大读者批评指正。

编　者

2015 年 1 月

目录

ZHUZHAI SHINEI SHEJI

第一章

住宅室内设计概述

ZHUZHAI SHINEI SHEJI GAISHU

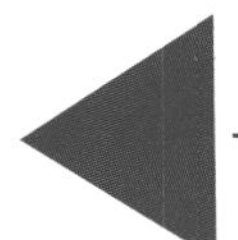

第一节 住宅室内设计的含义

住宅对于人们的生活而言，其重要性不言而喻。住宅室内是最贴近人们生活、兴趣、隐私的空间环境，住宅室内设计不仅是简单的美化工作，而且是能够影响人们情感健康发展的设计活动。因此，设计创造具有安全、健康、效率、舒适的住宅室内环境，会直接关系到人们生活的质量。

人们对于住宅室内环境除了有使用舒适、安排合理、冷暖光照等物质功能方面的要求之外，还有与建筑物的类型、性格特点、个性喜好相适应的居住环境氛围、风格文脉等精神功能方面的要求（见图 1–1–1）。

图 1–1–1　住宅室内设计一

一、定义

法国人类学家鲁洛依·古朗认为：创造居住空间和创造语言一样，是人类认识世界的工具。居住空间包含建筑技术性的有效生活环境，拥有一定社会体系的框架和将周围宇宙秩序化的环境。虽然每个人对于住宅的理解与认识不一样，但是对于住宅的作用和功能的要求应该是大体相当的。住宅室内设计是根据建筑物的使用性质、所处环境和相应标准，运用物质技术手段和建筑美学原理，创造功能合理、舒适优美、满足人们物质和精神生活需要的室内居住环境。这一空间环境既具有使用价值，满足相应的功能要求，同时也反映了历史文脉、建筑风格、环境气氛等精神因素（见图 1–1–2 和图 1–1–3）。

图 1-1-2　住宅室内设计二

图 1-1-3　住宅室内设计三

二、装潢、装修与设计

社会上对室内设计常常有三种不同的称呼：室内装潢、室内装修、室内设计。三者看似相近，但其内在含义和实际结果是有着很明显区别的。

（1）室内装潢。室内装潢是指对物体或商品的表面进行装饰、修饰的过程和结果，是着重从外表的、视觉传达的角度来探讨和研究问题。如运用各种装饰材料对室内的地面、墙面、顶面等各界面进行处理，或是对家具和室内陈设的选择与设计。

（2）室内装修。室内装修着重从工程技术、施工工艺和构造做法的角度进行装置修缮的过程和结果，如对室内地面、墙面、顶面等各界面，或门窗、设备的装修工程。

（3）室内设计。室内设计是指室内环境设计的全部过程和结果。既包括前期的设计准备，又包括工程技术手段，还包括将各种不同物质基础以及精神氛围、文化意境等元素进行整合的结果。

三、住宅室内设计的任务

（1）满足人们住宅空间的物质需求。

（2）满足人们住宅空间的感官需求。

（3）满足人们住宅空间的心理需求。

（4）满足人们住宅空间的文化需求。

四、住宅室内设计的内容

（1）组织功能合理的住宅室内环境。

（2）构建舒适优美的住宅室内环境。

（3）营造富有内涵的住宅室内环境。

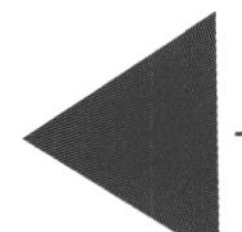

第二节 住宅室内设计的发展

自人类文明伊始，人们对住宅的需求就不曾中断。随着时代的发展，社会生产力的提高，科学技术的进步和文化素养的提高，人们对于住宅室内环境的要求也在不断地更新和提高，不仅注重对自己生活居住的室内环境进行合理安排布置，而且越来越注重美化装饰的效果，赋予了住宅更多更丰富的气氛。特别是现代室内设计作为一门新兴的学科被人们所认可及展开研究，住宅室内设计的设计理念、原则和方法也随之上升到一个新的理论与实践发展阶段，为住宅室内设计的进一步发展奠定了良好的基础。

一、原始时代的室内环境

由于受到社会生产力水平的制约，原始时代的住宅形式都比较简陋，多以建筑群落和群居为主，基本上处在与自然环境共融共生的状态。尽管如此，人们对生活环境改善和生存质量提高的追求却在不断提高。如原始社会西安半坡村的方形、圆形的住宅，合理布置入口、火坑、生活区的位置，以及考虑室内与室外的关系。方形的住宅门口的火坑设置有进风槽；圆形的住宅入口两侧也设置了起引导气流作用的短墙（见图 1–2–1）。此外在新石器时代的住宅遗址里，还发现有许多修饰精细、坚硬美观的红色烧土地面，充分体现出原始人即使受到条件限制，却对住宅室内环境有着不懈地探索和追求。

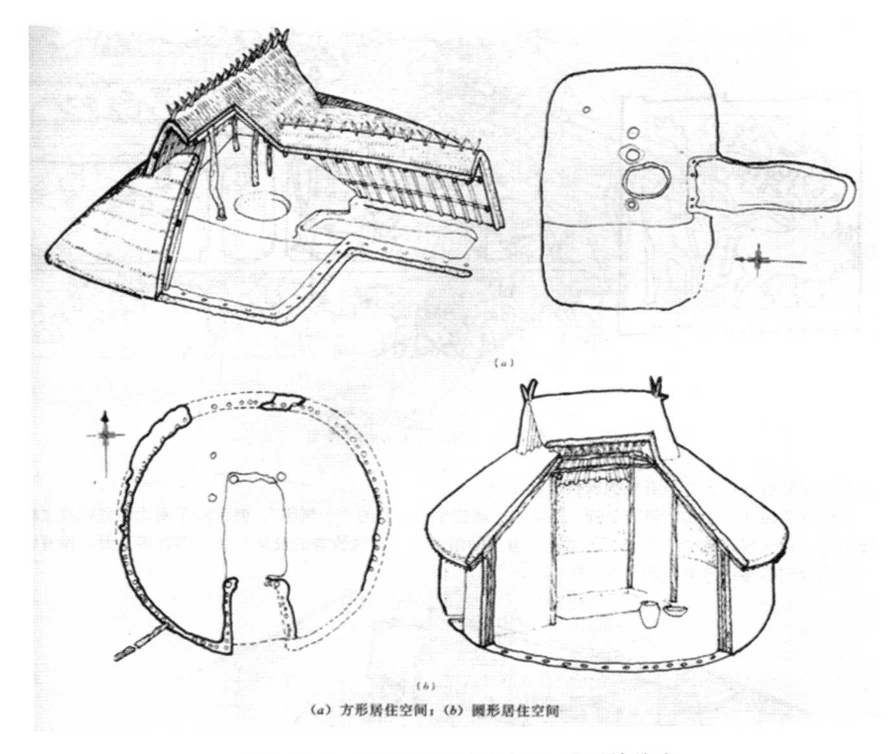

(a) 方形居住空间；(b) 圆形居住空间

图 1–2–1　西安半坡村的方形、圆形的住宅

二、农业时代的室内环境

随着社会生产力的发展和生产工具的提高以及社会财富的积累，进入农业时代后，建筑风格、室内环境及住宅空间都开始了快速的发展与提高。在农业时代的早期，由于受到神权及皇权的影响，出现了许多神坛及宫殿形式的建筑及相应的室内环境，如古希腊的帕特农神庙（见图 1-2-2）、古罗马的市政厅、秦代的阿房宫和西汉的未央宫等。发展到中期时，由于社会财富的集中，出现了以宫廷建筑和宗教建筑为中心的城镇建筑群落，如意大利的圣彼得大教堂、法国的巴黎圣母院、唐代的华清宫、宋代的相国寺等。到了农业时代的晚期，国内外的建筑风格及室内形式，特别是住宅环境也发生着巨大的变化，在满足使用需求的基础上，更加注重装饰细节，出现了许多以巴洛克、洛可可、新古典主义为代表的建筑及室内环境，如法国的凡尔赛宫（见图 1-2-3）、英国的国会大厦、中国的紫禁城（见图 1-2-4）等。

图 1-2-2 帕特农神庙

图 1-2-3 凡尔赛宫

图 1-2-4 紫禁城

三、工业时代的室内环境

由于工业革命的爆发、社会生产力的提高、工业技术的发展及新型材料的出现，尤其是钢铁、水泥的大范围运用，使得建筑形式不断地更新变化，也促使着现代设计的诞生，如 1851 年伦敦举办第一届世界工业博览会时建造的“水晶宫”（见图 1-2-5），1889 年法国巴黎举办的第二届世界工业博览会时建造的埃菲尔铁塔，1901 年芝加哥建造的 22 层高楼及 1909 年建造的 50 层商业办公楼等。

图 1-2-5　水晶宫

四、现代的室内环境

1919 年德国包豪斯学院的成立，标志着现代主义的诞生与发展。现代主义强调突破旧传统，重视功能和空间组织，注重形式美，力求造型简洁明了，崇尚合理的构造工艺，发挥材料的特性，讲究材料自身的质地和色彩的配置效果，追求以功能为核心，强调功能和空间环境的合理性，要求其满足使用者的各种需求。包豪斯学派重视实际的工艺制作操作，强调设计与工业生产的联系，如格罗皮乌斯设计的包豪斯校舍（见图 1-2-6）、密斯•凡德罗设计的巴塞罗那世博会的德国国家馆（见图 1-2-7）、勒•柯布西耶设计的萨伏依公寓（见图 1-2-8）、弗兰克•赖特设计的流水别墅（见图 1-2-9）等。

图 1-2-6　包豪斯校舍

图 1-2-7　德国国家馆

图 1-2-8　萨伏依公寓

图 1-2-9　流水别墅

1974 年美国室内设计师学会（American Society of Interior Designers）成立，标志着室内设计摆脱了纯美学的“视觉环境”范畴，而从社会、经济、物理、生理和心理等因素思考，更加注重使用者的需求。

第三节 住宅室内设计的风格

在住宅室内设计的发展过程中，不同的时期、不同的设计师、不同的设计作品所体现的设计风格是不一样的，根据其表现形式主要可分为：传统风格、现代风格、后现代风格、自然风格以及混合风格等。

一、传统风格

传统风格的住宅室内设计，主要是在室内的空间营造、线条表现、装饰材料、色彩搭配、家具布置以及陈设设计等方面，吸取传统装饰“形”“神”的特征，以求达到具有庄重与优雅双重气质的住宅室内环境（见图 1-3-1）。

图 1-3-1　传统风格

二、现代风格

现代风格即现代主义风格，起源于1919年成立的包豪斯学派，是工业时代社会的产物。现代风格强调突破旧传统，利用创新思维和手法，重视功能和空间，注意发挥结构特点。现代风格的住宅室内环境追求简洁的造型，空间组织合理，线条感明确，反对多余的装饰，力求用最简单的方法满足居住需求（见图1-3-2）。

图1-3-2 现代风格

三、后现代风格

后现代主义是现代主义内部发生的逆动，特别是其具有一种对现代主义纯理性的逆反心理，认为现代主义风格过于生硬且过于强调房屋是居住的机器，反而忽略了房屋本身应该具有的情感元素，认为现代主义风格是不具人文关怀且不具生命力的。所以后现代风格极力强调在设计中的情感输入和个性表达，往往依据设计师或所有者的个人情感而进行“超乎寻常”的表达，追求“标新立异、与众不同”（见图1-3-3）。

图1-3-3 后现代风格

四、自然风格

自然风格也被称为田园风格，常用具有自然环境特征的元素，表现出舒缓休闲的生活方式。倡导回归自然，崇尚自然美，反对精雕细琢，用于缓解高强度社会节奏给人们所带来的压力。自然风格的住宅室内环境中多用木料、织物、石材、花草、绿化、藤竹、流水等天然材料，创造自然、简朴、清新、高雅的氛围，让人享受悠闲、舒畅、自然的田园生活情趣。自然风格包含：英式田园、美式田园、中式田园、法式田园、南亚田园等形式（见图 1-3-4）。

图 1-3-4　自然风格

五、混合风格

建筑设计和室内设计在总体上呈现多元化的同时，住宅室内设计中也出现一种兼容并蓄、融合发展的混合风格。强调东方与西方的融合、传统与现代的融合，突出线条的对比，注重色彩的搭配，呈现出在同一空间内各种不同设计元素混合搭配的效果，显示融合和包容的个性和特点（见图 1-3-5）。

图 1-3-5　混合风格

第四节
住宅室内设计的流派

住宅室内设计从所表现的艺术特点分析可以分为多种流派，主要有：高技派、光亮派、白色派、风格派、超现实派等。

一、高技派

高技派也被称为重技派，高度注重工业技术成就，崇尚技术至上，将这些结构与材料等在住宅室内设计中充分运用，如在住宅室内中裸露建筑结构、水电线管，或是运用新型材料展现力学特性，也常用高科技的设备设施充分展现科技实力，强调工业技术与科学水平的展示（见图 1-4-1）。

图 1-4-1　高技派

二、光亮派

光亮派也被称为银色派，往往在住宅室内设计中大量采用金属、镜面及反光度较高的石材作为装饰材料，运用各类新型光源和灯具进行直射、折射的照明方式，营造光彩照人、绚丽夺目的室内环境，炫耀新型材料及现代加工工艺的精密细致及光亮效果（见图 1-4-2）。

图 1-4-2　光亮派

三、白色派

白色派的住宅室内色彩主要以白色为主，具有超凡脱俗的气质和朴实无华效果。白色派的住宅室内各界面和家具等常以白色为基调，简洁明朗。除此以外还十分强调纯净的室内空间、光影变化以及构成关系，强调生活在环境中的人才是室内的主体，而任何形式的室内环境只是背景，故在装饰造型和色彩选择时没有过多渲染（见图1–4–3）。

图 1–4–3 白色派

四、风格派

风格派是以风格派的绘画作品为基础，住宅空间内的色彩及造型方面都具有极为鲜明的特征与个性。建筑与室内常以几何方块为基础，对室内和室外的空间都采用相互搭配、相互穿插的方法，从而构成具有统一特征的空间环境，并在各个不同的界面上表现凹凸的肌理效果和强烈的色彩对比。在住宅空间内也经常采用几何形体以及红、黄、蓝三原色，或以黑、灰，白等色彩相配置，强调 “纯造型的表现” 和 “要从传统及个性崇拜的约束下解放艺术” （见图 1–4–4）。

图 1–4–4 风格派

五、超现实派

超现实派主张追求超越现实的艺术效果，在住宅空间内常采用异常的空间结构进行空间组织，并结合具有流动感和韵律感的线条、夸张概括的形体、浓重鲜艳的色彩、变幻莫测的光影、造型奇特的家具，以及绘画或雕塑来营造强烈的视觉感官形象和超越现实感觉的室内住宅环境（见图 1-4-5）。

图 1-4-5　超现实派

思考题

1. 住宅室内设计的定义是什么？
2. 住宅室内设计的发展经历了哪几个阶段？
3. 住宅室内设计的风格主要有哪几种？
4. 住宅室内设计的流派主要有哪几种？

第二章

住宅室内空间设计

ZHUZHAI SHINEI KONGJIAN SHEJI

第一节 住宅室内空间设计

一、住宅室内空间设计的概念

空间是环境的主角，是场所意识的体现，正确理解和掌握空间的概念是进行住宅室内设计的最基本要求。住宅室内的空间设计是指房屋建造完毕后，利用墙体改造、界面设计、色彩设计、照明设计、家具设计及陈设设计等方法，将整个住宅环境进行调整的过程，从而满足人们的生理功能及心理功能两个方面的要求。

在住宅室内环境中，空间设计的内容及形式是十分丰富的，它由各种不同功能的空间环境组合而成，所以要根据不同空间的使用性质进行空间的调整与设计，以全面满足使用者的需求（见图 2–1–1）。

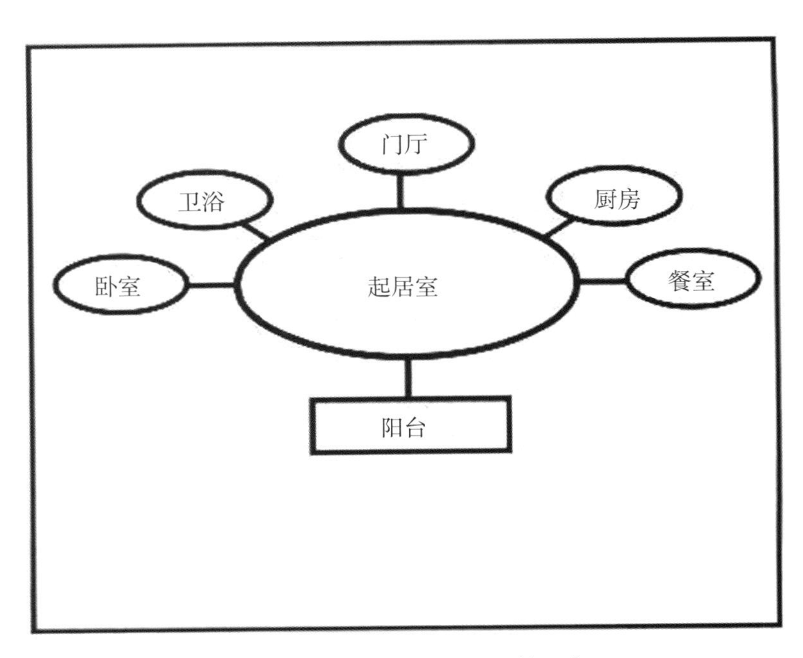

图 2–1–1　住宅室内空间环境组合

二、住宅室内空间设计的类型

按照空间设计不同的表现形式，住宅室内空间设计的类型大致上可分为动态空间与静态空间（见图 2–1–2 和图 2–1–3）、封闭空间与开敞空间、虚拟空间与悬浮空间、不定空间与母子空间、凹入空间与外凸空间、下沉空间与地台空间（见图 2–1–4 和图 2–1–5）等。各种类型的空间具有不同的特点，在住宅室内空间设计时，可以根据空间功能选择不同的形式。

图 2-1-2　动态空间

图 2-1-3　静态空间

图 2-1-4　下沉空间

图 2-1-5　地台空间

三、住宅室内空间设计的功能

住宅室内空间设计的功能即是要满足人们的各种使用需求，在特定的空间内具有特定的使用功能，如客厅需要满足会客需求，卧室需要满足休息需求等。此外，住宅室内的空间设计不只是具有实用功能，还应该通过空间的表现形式唤起人们的审美意识，满足人们的审美需要，这种审美功能是在物质功能的基础上产生的精神功能。

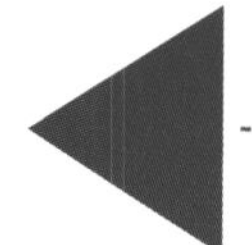

第二节 住宅室内空间的设计原则

一、恰当性原则

住宅室内的空间设计要根据现有房屋的空间分布情况，合理恰当地划分区域，充分利用空间，以符合人们的日常生活规律，满足家庭成员各种活动的需要，并保证环境质量。

对于住宅而言，空间环境要恰当、舒适、整洁、温情，具有完善整齐的居家设施，并能体现良好的空间感，体现使用者的生活情趣，关注居住者的生活习惯和生活方式，将使用者对生活的理解和认识体现在空间设计中。

二、统一性原则

住宅室内各个独立空间的设计是在整体房屋的空间环境内完成的，虽然各个空间由于使用功能的不同，而营造的空间感受各不一样，但是作为住宅环境的整体组成部分，其空间设计的总体感觉和形式要凸显统一性，具有一致的设计风格和设计元素，使得住宅整体空间环境不会显得过于凌乱。

三、个性化原则

住宅室内的空间设计要满足人们的生理功能及心理功能两个方面的要求，但是由于使用者需求的不同，所以空间设计的形式也就不一样了。个性化的空间设计不是单纯追求造型的变化或选择不同的装饰材料和不同的装饰色彩，而是在空间设计中要充分做到“以人为本”。一是要真正地从生活的实际需求出发，认认真真地观察生活、感受生活、设计生活；二是要与使用者沟通，了解其职业特点、个性喜好、生活习惯和生活方式，满足使用者对于空间的个性需求。

四、深刻性原则

住宅室内的空间设计不仅要满足人们的物质方面的需求，而且要满足精神方面的需求，进而满足视觉感官的需求和文化层次的需求。所以在住宅室内的空间设计中，除了要注重实用的功能以外，还要注重空间所具有的审美意识和蕴含的文化价值。

第三节 住宅空间设计的划分及设计方法

对于住宅室内环境而言，所有的家庭成员都要在同一个有限的空间内休闲、娱乐、学习、睡眠、进餐和洗浴，为了满足不同的要求，就需要对室内整体空间进行划分与设计，合理地确定各空间的作用，避免相互影响和干扰，才能达到科学利用空间的目的。根据不同的生活需求，住宅室内的整体空间主要可划分为以下几个功能区域：玄关、客厅、卧室、餐厅、书房、厨房、卫生间以及其他辅助空间等。

一、玄关

玄关，或称为门厅，是住宅室内与室外环境之间一个分隔、连接、过渡的空间，是从室外进入室内的第一空间，给人以住宅室内环境风格第一印象的地方。在住宅中玄关虽然占地面积不大，但使用率较高，是进出住宅的必经之处，所以在设计上要注重内外的衔接，也要具有一定的审美功能。此外，人们在此处还要进行换鞋、更衣、整理等活动，所以在玄关的设计时不仅要结合住宅的整体空间风格，而且要兼顾展示、换鞋、更衣、引导、分隔空间等实用功能。玄关如图 2–3–1 所示。

图 2–3–1　玄关

二、客厅

客厅是人们交流、会客、休闲、视听的场所。客厅是一个综合性的活动空间，也是整个住宅室内环境的设计核心，是住宅室内环境风格重要的表现空间，所以在客厅的空间设计时，必须要在满足基本的功能上，还要考虑使用者的生活习惯、审美观和文化素养，体现使用者的个性喜好及空间设计风格。由于客厅具有面积大、功能多、人流导向相互交织等特点，在空间的规划和设计时，要充分考虑人流导航线路以及各功能区域的划分，应合理安排各家具和陈设设施的位置，适当注意功能的分区，有效地利用空间，避免相互干扰。此外还要考虑材料的运用、色彩的搭配、照明的设计以及其他各项辅助功能设计。客厅如图 2–3–2 所示。

图 2–3–2　客厅

三、 卧室

卧室是人们休息、睡觉的场所。一般来说，卧室需要满足使用者对于空间私密性、蔽光性的要求，所以卧室的空间形式常采用包裹式为主，与住宅内的其他空间分隔而独立存在，形成最私人化的空间。在卧室的空间设计上，常采用优雅独特、简洁明快的设计风格，追求功能与形式的完美统一，注重时尚庄重而不浮躁，典雅轻松而不乏浪漫的视觉及心理感官。卧室如图 2–3–3 所示。

图 2-3-3　卧室

四、餐厅

餐厅是人们进餐的场所。餐厅的空间往往和客厅的空间是连接在一起的，所以餐厅的整体设计风格与表现形式要与客厅尽量保持和谐一致，风格不要差异太大，以凸显整体的空间环境设计感官。此外，餐厅不仅是吃饭的地方，而且是一处重要的、能突出了使用者生活品位和心灵感受的地方，所以在设计时不仅要满足进餐的基本功能需求，而且要把握亲切、淡雅、温暖、清新的设计原则，与客厅相互呼应。餐厅如图 2-3-4 所示。

图 2-3-4　餐厅

五、书房

书房是人们阅读、工作、学习的场所。书房的空间设计要注重一定的私密性与整洁宁静的特点，满足空间的使用需求。除了合理布置好书桌、书柜、座椅等家具和陈设设施以外，还要适当注意合理安排好一定的活动空间和储藏空间，以满足使用者的生活活动与物品储藏需求。书房如图 2-3-5 所示。

图 2-3-5 书房

六、厨房

厨房是人们进行烹调作业的主要场所，是整体住宅室内空间环境中生活设施密度和使用频率较高的地方，也是家庭活动的重要场所。在厨房的设计上要按照人们的使用要求和空间尺度的需要，注重合理布局、安全实用、整洁舒适的原则。在满足厨房的基本使用功能的基础上，可适当尝试进行一定的装饰设计。厨房如图 2-3-6 所示。

图 2-3-6 厨房

七、卫生间

卫生间是人们进行卫浴活动的场所。作为住宅室内整体空间环境的一个有机组成部分，卫生间的面积虽然不大，但是其设计风格及空间形式，对室内环境整体感官还是起到了一定的作用。卫生间因其特殊的功能，在满足防潮、防湿、通风的基础上，空间的设计要注重私密性和设施的合理布置，也可以在其内部适当地增加一些绿色植物，以增强卫生间的视觉感官效果。卫生间如图 2-3-7 所示。

图 2-3-7　卫生间

八、其他辅助空间

在住宅室内的空间环境中还有过道、阳台等一些功能化的空间，这些空间同室内其他空间一样，有其特殊的作用和表现形式。在空间设计时，要结合整体住宅室内空间环境的特点和风格，综合考虑，设计出功能合理、舒适实用的空间环境。过道如图 2-3-8 所示。

图 2-3-8　过道

思考题

1. 住宅室内空间设计的类型有哪些？
2. 住宅室内空间设计的原则是什么？
3. 住宅室内空间设计中客厅的设计要点是什么？
4. 住宅室内空间设计中厨房、卫生间的设计要点是什么？

第三章

住宅室内设计的流程

ZHUZHAI SHINEI SHEJI DE LIUCHENG

住宅室内设计根据设计的流程，通常可以分为三个阶段，即设计准备阶段、方案设计阶段、方案深入阶段。

第一节 设计准备阶段

设计准备阶段主要是接受委托任务书，签订合同，明确设计期限并确定设计计划和进度安排，考虑各有关工种的配合与协调。明确设计任务和要求，如住宅的使用性质、功能特点、设计规模、等级标准、总造价等。明确住宅的设计要求及所需的环境氛围、文化内涵或艺术风格等，熟悉设计有关的规范和标准。收集并分析必要的资料，对现场进行调查以及参观同类型实例等。

一、场地勘察与场地分析

在住宅室内设计之前，设计师需要根据建筑图纸对已建成的住宅建筑及建筑环境进行实地勘察，深入理解设计内容，确定解决问题的方法和步骤。

场地研究的目的是识别建筑场地的结构、空间组织形式、场地现状的条件，并确定这些因素对设计方案的影响。在场地研究中，设计师要尽可能地熟悉场地，这样才能设计出一个适应特定场地的方案。场地研究包含两个步骤：场地勘察和场地分析。

（1）场地勘察是对场地现状和信息的收集（见图 3–1–1 至图 3–1–4），包括记录位置、尺寸、材料、墙体、顶棚、柱子、梁、门窗等内容，了解楼层、采光、方位、管道等的分布情况，为设计构思提供依据。实地考察和详细测量是极其必要的，图纸的空间想象和实际的空间感受差别很大，对实际管线和光线的了解有助于缩小设计效果与实际效果的差距。

（2）场地分析是对场地信息进行评估。场地分析要判断这些数据并确定如何在设计方案中利用这些条件，如入口朝向、窗户朝向、采光情况、室内空间使用、电表水管等基础设施的位置等。

图 3–1–1　住宅入口情况

图 3–1–2　电表箱位置

图 3-1-3　卫生间基础设施

图 3-1-4　厨房基础设施

二、编写场地勘查表

在进行现场调查时，设计师除了要仔细观察记录现场情况以外，还需要编写现场勘查表来帮助整理研究，逐步找到设计的方向和思路。

住宅室内设计现场勘查表如表 3-1-1 所示。

表 3-1-1　住宅室内设计现场勘查表

住宅室内设计现场勘查表

日期：　　　　设计师：

客户姓名：　　　　（□女士　□先生）　　地址：

户　型：□平层　□复式　□错层　□联排别墅　□独栋别墅　□自建房　□其他

计划投资（□含主材）　万元　建筑面积：　m^2　使用面积：　m^2

风格定位：　　　　计划装修时间：　　年　　月　　日

一、量房用具

1.量房尺；2.两只笔（红色笔、黑色笔）；3.数码相机；4.量房本；5.折叠椅

二、首要观察内容

1. 房屋原结构：□砖砼结构　□ 框架结构
2. 房屋原结构是否有缺陷：□否　□是（墙体开裂、平整度、顶面漏水等）
   （1）位置：　　　　参考意见：
   （2）位置：　　　　参考意见：
   （3）位置：　　　　参考意见：
3. 暖气是否需改动：□否　□是　参考意见：
4. 煤气是否需改动：□否　□是　参考意见：
5. 采暖方式：　□暖气　□煤气　□地暖　□中央空调
6. 是否已经安装中央空调：□已安装　□未安装　□已订制　□未订制
7. 厨房整体橱柜是否已安装：□已安装　□未安装　□已订制　□未订制
8. 阳台墙、地面是否已铺砖：□已铺装　□未铺装（局部）
9. 厨房是否已铺砖及吊顶：□已铺装　□未铺装　□已吊顶　□未吊顶
   吊顶材质：□PVC　□非 PVC

续表

10. 卫生间是否已铺砖及吊顶:□已铺装 □未铺装 □已吊顶 □未吊顶
吊顶材质:□PVC □非 PVC
11. 其他:

三、与客户沟通内容
1. 隔墙是否需拆除: □否 □是 (请在户型图中用红线注明)
2. 是否需安装中央空调: □否 □是
3. 卫生间洁具是否需拆改:□否 □是
4. 阳台、厨房、卫生间墙地砖是否需拆改:□否 □是(局部)
5. 热水供应方式:□煤气热水器 □太阳能热水器 □电热水器(标明数量位置)
6. 分体空调是否是否需要打孔:□否 □是(预计打孔时间)
7. 冰箱尺寸________,摆放位置________,是否有电源:□有 □无
8. 洗衣机尺寸________,摆放位置________,□有上水 □有下水 □无上水 □无下水
9. 窗台栏杆是否要拆除:□是 □否。是否飘窗:□是 □否(注明厚度:________)
10. 家庭常住人口:老年人__人,中青年人__人,(男/女)孩__人,保姆__人,其他__人。
11. 阳台是否需要做保温处理:□是 □否。是否需要贴墙地砖:□是 □否
阳台是否安晾衣架:□是 □否。电视机是否采用壁挂:□是 □否
12. 客户已买(或准备买)家具类型及尺寸:
13. 主要木做材质______,漆面类型:□清油 □混油
14. 电话线、网线是否需要增加(在图中注明房间位置):
15. 有无安防系统:□是 □否。可视门铃是否需要改动:□是 □否

四、温馨提示客户内容
1. 原始结构有损坏的,开工前提醒物业维修;
2. 需做闭水试验,要提前通知楼下业主;
3. 空调打孔及时间确定;
4. 窗户台面的安装及时间;
5. 订制成品门安装的时间;
6. 中央空调的安装时间,暖气拆改的时间;
7. 主材(地砖、墙砖、地板)的订购时间;
8. 灯具、五金、铝扣板的订购时间;
9. 热水器的订购、安装时间;
10. 洁具、橱柜的订购和安装时间;
11. 其他。

五、客户要求
客厅:
餐厅:
厨房:
客卫:
主卫:
主卧:
客卧(1):
客卧(2):
书房:
晒(阳)台:
车库及庭院:
其他:

三、绘制场地测量图

测量现场通常由设计师参与，对业主的房型进行具体的测量和记录。测绘工具主要有卷尺、纸、笔、绘图板等。

1. 测量场地的步骤

（1）巡视所有的房间，了解基本的房型结构。

（2）在纸上画出测量用的平面图。

（3）细致测量，并把测量的每一个数据记录到平面图中相应的位置上。

2. 具体测量方法与技巧

（1）用卷尺量出房间的长度、高度，长度要紧贴地面测量，高度要紧贴墙体拐角处测量（见图 3–1–5）。

（2）确定各个房间之间的结构关系。

（3）确定门、窗、开关、插座、管子的位置。

（4）测量门和窗本身的长、宽、高，以及门、窗所在墙面、天花及地面的具体位置关系（见图 3–1–6）。

（5）按照门窗的测量方式把开关、插座、管子的尺寸及位置关系记录好，尤其是厨房和卫生间的基础设施（见图 3–1–7）。

图 3–1–5　场地测量一（长度和高度）

图 3–1–6　场地测量二（门窗尺寸和距离）

图 3–1–7　场地测量三（基础设施位置）

3. 其他补充的测量尺寸

(1) 承重墙和非承重墙需注明。

(2) 煤气管道、烟道、暖气管（片）的位置。

(3) 门、窗、洞的高度。

(4) 如有中央空调需标明位置与尺寸。

(5) 卫生间坐便孔距。

(6) 水、强电、弱电的位置与尺寸。

(7) 开关及电路位置。

(8) 上下水位置，地漏位置及离墙尺寸。

(9) 梁的位置及标高。

(10) 安保装置的位置及可视门铃的位置与尺寸等。

四、收集资料

在实际操作中，收集资料的过程是一个分类、总结和形成思路的过程，对设计师探索创意时显得尤为重要，它包含已知条件和最初的设计构想，让设计师明白各种选择方向的可能性。

这个阶段的主要工作是与业主交流，了解业主的个人需求，获取第一手设计资料，完成室内设计房屋现场勘查表（见表 3-1-2）。明确设计的需求、个人喜好、装修风格定位等，只有明确了客户的一些基本情况才能设计出让客户满意的作品。

表 3-1-2 室内设计房屋现场勘查表

<table>
<tr><td colspan="3">客户姓名：</td><td colspan="2">联系电话：</td><td colspan="2">设计师姓名：</td></tr>
<tr><td colspan="3">装修地址：</td><td colspan="2">房屋建筑面积：</td><td colspan="2">房屋使用面积：</td></tr>
<tr><td colspan="2">住房周边环境</td><td colspan="2">□市区 □郊区 □毗邻设施</td><td colspan="3">是否为封闭小区 □是 □否</td></tr>
<tr><td colspan="2">住房类型</td><td colspan="5">□高层 □普通楼房 □别墅 □平房 □其他</td></tr>
<tr><td colspan="2">层数</td><td colspan="5">第 层；共 层</td></tr>
<tr><td colspan="2">房屋附属设施</td><td colspan="5">□舞台 m² □庭院 m² □地下室 m² □车库 m²</td></tr>
<tr><td colspan="2">房屋结构</td><td colspan="5">□平层结构 □复式结构 □跃层</td></tr>
<tr><td colspan="2">使用目的</td><td colspan="5">□家庭居住 □度假居住 □商住两用 □其他</td></tr>
<tr><td colspan="2">职业</td><td></td><td colspan="2">装修预计费用不包含主材</td><td colspan="2">包含主材</td></tr>
<tr><td rowspan="4">空间的分配</td><td>家庭成员及客人 / 空间</td><td>祖辈（人）</td><td>父辈（人）</td><td>子辈（人）</td><td>房主（人）</td><td>客人（人）</td></tr>
<tr><td>卧室</td><td></td><td></td><td></td><td></td><td></td></tr>
<tr><td>书房</td><td></td><td></td><td></td><td></td><td></td></tr>
<tr><td>卫浴室间</td><td></td><td></td><td></td><td></td><td></td></tr>
<tr><td colspan="7">特殊成员：□猫 只 □狗 条 □其他</td></tr>
</table>

续表

生活习惯	社会交际情况	□喜欢独处　□交际广泛　□家庭聚会(多少)		
	作息时间	□正常　□睡(早、晚)　□起(早、晚)		
	工作情况	□上班族　□在家办公　□其他		
	有无特殊生活物品	□无　□有		
	避讳事宜	□无　□有		
	宗教信仰	□无　□有		
饮食习惯	主要烹饪方式	□中餐	□煎　□炒　□烹　□炸　□煮　□炖　□其他	
		□西餐		
	用餐习惯　□与家人用餐　□经常请客			通常用餐人数　　人
	有无固定座位　□有　□无			□经常在家用餐　□经常在外用餐　□全有
洗与如厕	洗浴方式	□淋浴　□浴缸　□两者兼有　□其他		
	如厕方式	□蹲坑　□坐便　□两者兼有		有无老人　□有　□无
	风格要求	□现代简约　□欧式　□中式　□现代欧式　□简约中式　□其他		
备注：				

此外，收集相关的设计图片也是资料收集工作的重要组成部分。在设计之前争取尽可能多地寻找相关资料和图片，包括相关功能的实例图纸、效果图、完工后的照片等。针对业主的要求，在基本确定的风格和特点基础上，寻找设计内容相关的风格背景知识、历史渊源和大量案例图片。

第二节 方案设计阶段

在住宅室内设计中，方案设计是设计的第一稿，之后的改动都是建立在第一稿的基础上的。

进入设计的第一阶段就是要了解多种可能的设计，并激发灵感，保持开放性思维。将业主需求和现场状况进行提炼，针对目标拓展思路。

一、确立宗旨和风格

设计方向要遵循业主的要求与设计师的调查分析结果。确定住宅室内设计的宗旨和风格。每种设计风格都有其常用的元素与特定的设计手法。常用的元素是某些特定风格的材料、色彩、结构构件及装饰构件等。设计手法是运用这些元素进行设计的方法。

二、空间设计

空间设计是住宅室内设计整体工作环节的重要阶段，设计师根据业主要求和现场情况进行空间和形式的处理，以达到新的功能和审美需求。空间设计是根据住宅室内设计功能需求进行空间属性安排和布局，将抽象的组合关系变成实际建筑空间（见图 3-2-1）。如空间轮廓形象的建立、空间功能的重新确定和分配、空间的形式等构成关系，概括不同空间之间的组合秩序和方式，理性分析功能和空间造型之间的关系（见图 3-2-2 至图 3-2-4）。

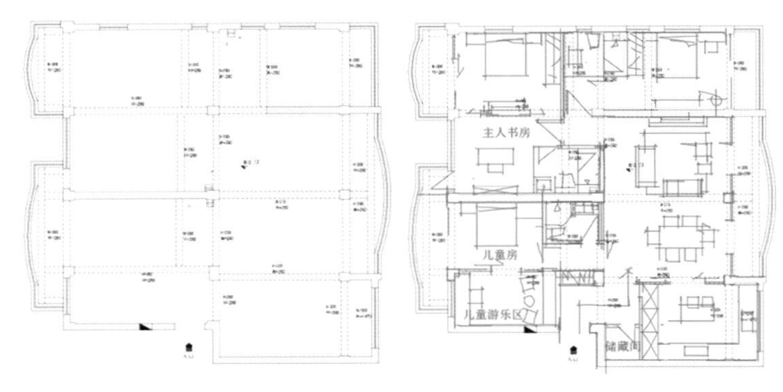

图 3-2-1 空间设计

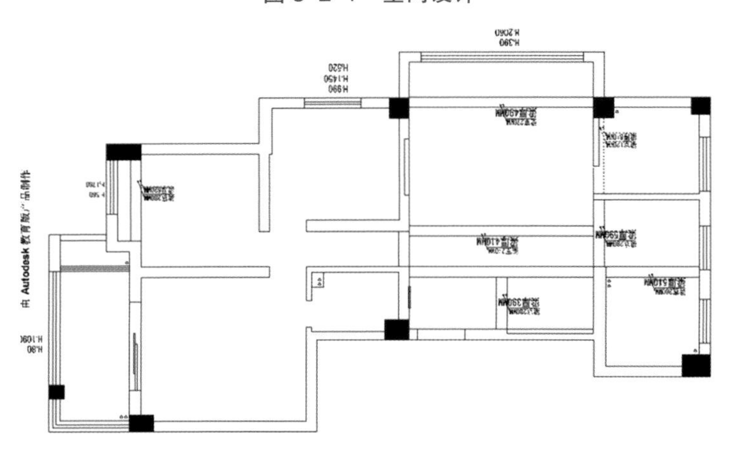

图 3-2-2 空间设计步骤 1——原始图

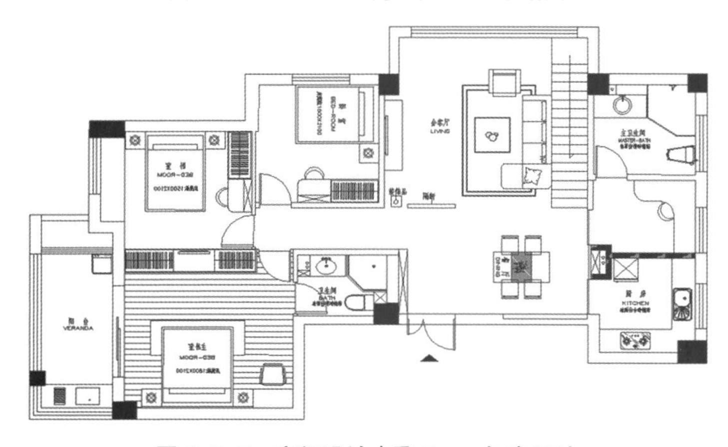

图 3-2-3 空间设计步骤 2——初步设计

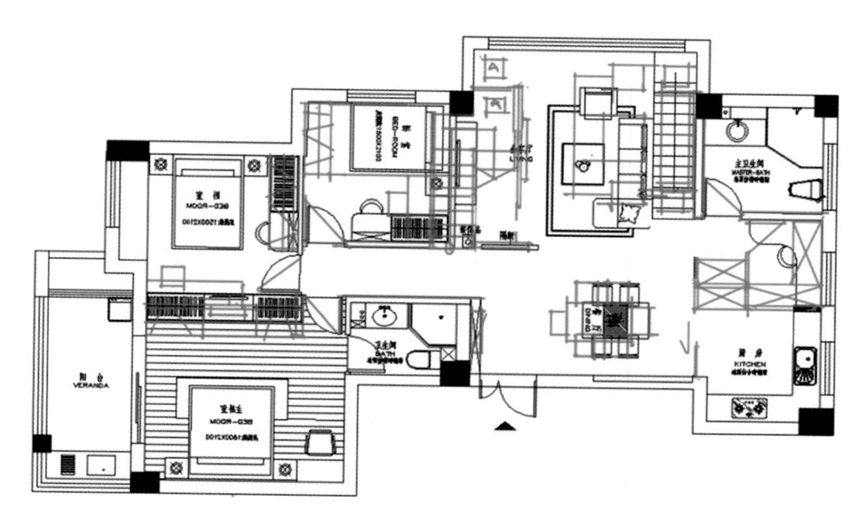

图 3-2-4　空间设计步骤 3——扩充设计

三、绘制设计草图

根据确立的设计方向，初步方案可以通过绘制的平面草图和透视草图表达出来。设计草图应该尽量绘制得清楚明确，平面草图可以简单上色以便于观察各个空间的区别与布置（见图 3-2-5 至图 3-2-8）。

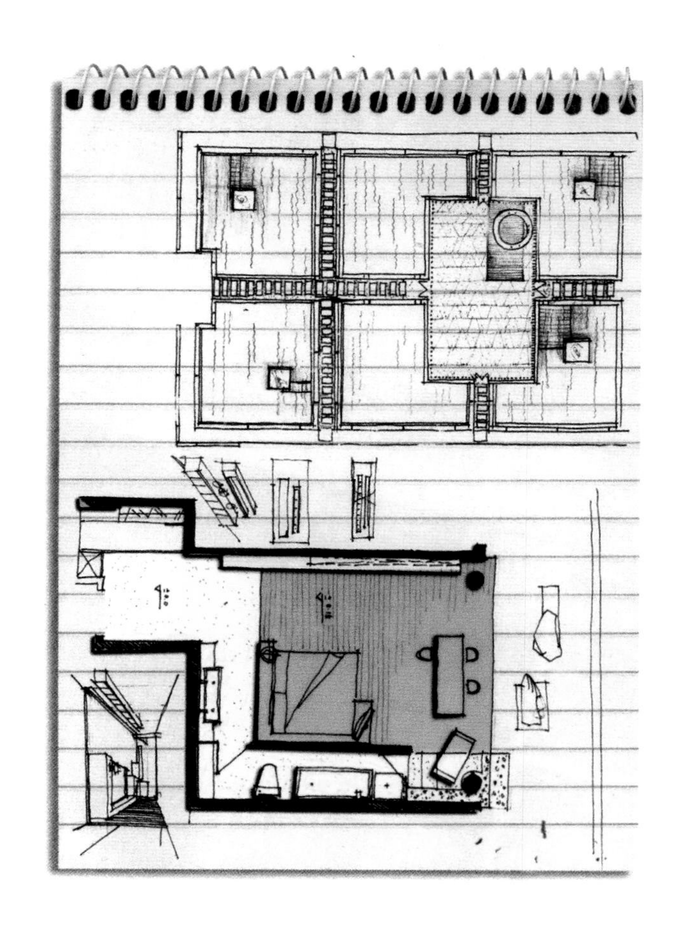

图 3-2-5　设计草图

图 3-2-6　客厅透视草图一

图 3-2-7　客厅透视草图二

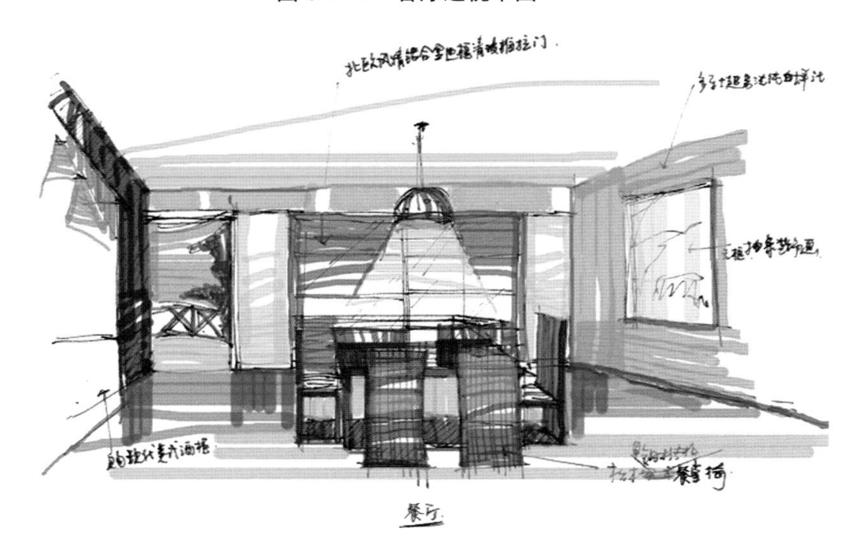

图 3-2-8　餐厅透视草图

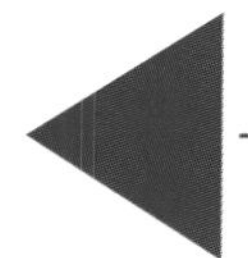

第三节 方案深入阶段

先从概念设计入手，之后进行功能与空间布局深化，最后完成设计和其他构建。在这个过程中，设计师要将设计中的各种要求以及可能实现的状况与业主达成共识，对项目计划的明确和可行性方案的讨论以图纸方案和说明书等形式准确地表达出来。

一、方案文本内容

在设计理念确定后，就要注意住宅室内功能与空间的设计与深入，完成方案文本。方案文本主要包括：平面图、吊顶图、立面图、细部节点设计图、意向图、方案草图、效果图等。

二、设计说明

设计师要根据设计方案编写详细的设计说明。设计说明应该分为项目概况、设计理念、设计风格、设计功能、设计细节等。设计师介绍设计方案的基本方法可以归纳为展示、说明和提问，详细说明设计内容带来的变化和结果，并且用问题来测试设计的重要性。

三、施工图设计

施工图设计需要完成施工所必要的有关平面布置、室内立面和吊顶等图纸，还包括构造节点详图、细部大样图以及设备管线图，并编制施工说明和造价预算。施工图设计必须考虑施工的科学性、技术性，将设计的想法用详细的图形和说明文字表示，作为建造的具体实施依据。因此施工图设计的内容在制作方法、构造说明、详细尺寸、表现处理等方面都要有明确的示意。

四、施工安排和经费预算

施工安排主要是对任务内容进行时段计划，讨论施工的时间段。计划安排需要对雨天、雪天、严寒、湿度、高温等天气进行预测，考虑特殊气候对正常施工带来的影响，尽量规避施工拖延问题。同时做好施工人员的调配工作，并安排好作息时间，确定材料的选购和入场时间等。

在业主签订委托设计协议书之日起，由设计师作出初步报价和预算报价之后，通过签订合同形成一份完整的报价书。报价书至少包括工程量、项目单价、制作和安装的工艺技术标准、费率等。

思考题

1. 住宅室内空间设计的流程有哪几个阶段?
2. 在进行住宅测量的时候注意事项有哪些?
3. 住宅室内设计流程中空间设计的步骤是什么?
4. 住宅室内设计流程中的方案深入阶段有哪些工作内容?

第四章

住宅室内设计的装饰材料运用

ZHUZHAI SHINEI SHEJI DE ZHUANGSHI CAILIAO YUNYONG

装饰材料是住宅室内设计装饰工程的物质基础。整体设计的效果及住宅功能的实现都是通过装饰材料体现出来的，并通过有效的施工方法和技巧实现住宅室内设计目的。装饰材料的成本在整体装饰工程的总造价中占据的比例有一半以上。因此，方案设计人员和工程技术人员都必须熟悉装饰材料的种类、性能、特点以及价格，并及时掌握装饰材料的发展趋势，运用合理的装饰施工方法、手段及装饰技巧，保质保量地完成住宅室内设计的装饰施工任务。

第一节 住宅室内设计与材料

一、装饰材料的分类

装饰材料是指装饰工程中所使用的各种材料及其制品的总称。它是一切装饰工程的物质基础。

(1) 按化学成分分类

根据材料的化学成分，可分为有机材料、无机材料和复合材料。

(2) 按装饰部位分类

天棚装饰材料：石膏板、铝板、矿棉吸音板、PVC 板、铝塑天花板等。

地面装饰材料：木地板、复合木地板、地毯、地板砖、石塑地板等。

外墙装饰材料：外墙砖、外墙涂料、外墙铝塑板等。

内墙装饰材料：内墙涂料、壁纸、壁毡、壁布、木制贴面板等。

(3) 按性能分类

抹灰材料：水泥砂浆、水刷石、干粘石、水磨石、大拉毛、拉条、斩假石等。

块板材：岩石、预制板、瓷砖、大理石板等。

板材：纸面石膏板、胶合板、铝塑板、ABS 板、防火板等。

油漆涂料：内墙涂料、外墙涂料、油漆等。

二、装饰材料的功能

在住宅室内设计中，装饰材料的主要目的是营造室内环境氛围，保护住宅室内的使用条件，创造一个舒适、美观而整洁的生活环境。材料在使用过程中既承受一定的外力和自重，又受到介质的作用，如水、水蒸气、腐蚀性气体、流体等，还会受到各种物理、化学作用的影响，如温差、湿度差等。因此，住宅室内的装饰材料除了具备对住宅室内整体环境的装饰艺术效果以外，还需要承担一部分压力，具有调节室内空气相对湿度，净化室内空气的功能（见图 4–1–1）。

图 4-1-1　住宅室内设计中的装饰材料

三、装饰材料的选择

1. 安全与健康性选择

安全与健康是住宅室内设计最根本的需求。在选用装饰材料时，一定要选择符合国家有关环境监测和质量检测部门标准的材料。要对选用的装饰材料进行检验。在装饰工程过程中要注意装饰材料的特性和施工工艺，保证安全施工。另外，在装饰工程结束后，应保持住宅室内开窗通风一段时间，待装饰材料中的有害物质基本挥发尽后再入住（见图 4-1-2）。

图 4-1-2　装饰材料的安全与健康

2. 色彩的选择

对住宅室内设计中装饰材料色彩的选择，不仅要从室内环境和装饰美学上考虑，而且要考虑色彩功能的重要性，力求合理应用色彩，以便在心理和生理上均能产生良好的效果（见图 4-1-3）。

图 4-1-3 装饰材料的色彩

3. 耐久性选择

住宅室内设计的装饰工程结束后，其室内环境是一定使用周期的，所以装饰材料的使用要注意使用的时效。在装饰材料的选择时，要注意其耐久性，包括材料的物理性能和化学性能等（见图 4-1-4）。

图 4-1-4 装饰材料的耐久性

4. 经济性选择

选择装饰材料时，既要体现住宅室内装饰的功能性和艺术效果，又必须考虑装饰工程的造价问题。因此，在住宅室内装饰工程的设计以及材料的选择上一定要做到精心、细致。根据工程的装饰要求和装饰档次，合理选择装饰材料（见图 4-1-5）。

图 4-1-5　装饰材料的经济性

第二节 材料的种类与运用

一、石材

石材分天然石材和人造石材。装饰用石材的强度高、装饰性好、耐久性强、来源广泛、地域性强，自古以来就被广泛应用。特别是近些年来，与世界各地的交流越来越多，大量的优质石材的引进，以及先进的机械加工技术不断发展，使石材作为一种新型的装饰材料被广泛地应用于住宅室内设计中。天然饰面石材主要有天然大理石和花岗石。

1. 大理石

大理石（见图 4-2-1）是大理岩的俗称，呈层状结构，有明显的结晶和纹理，主要成分为方解石和白云石，属中硬石材。大理石种类繁多，目前我国各地出产的大理石有几百种。根据大理石色彩不同，把常用的大理石分类如下。

（1）云灰大理石：为灰底色加上云彩状花纹，如云灰、风雪、冰琅、黑白花、艾叶青。

（2）白色大理石：汉白玉、晶白、雪花白、雪云、四川白。

（3）黑色大理石：墨玉、莱阳黑、丰镇黑、中国黑、蒙古黑、墨玉。

图 4-2-1　大理石

(4) 彩色大理石：桃红、黄花玉、碧玉、彩云。

(5) 绿色大理石：斑绿、大花绿、广西绿、裂玉、红花玉、电花、砾红、驼灰、中国蓝、莱阳绿、孔雀绿。

(6) 红色大理石：中国红、岭红、砾红、印度红、枫叶红。

天然大理石除汉白玉、艾叶青可用于室外，大部分都可以用于住宅室内，主要原因在于空气中 SO_2 和空气中的水分生成亚硫酸，并与大理石中的 $CaCO_3$ 产生水和化学石膏，使得大理石表面产生氧化反应，从而降低大理石表面强度，直接影响大理石的装饰效果。

天然大理石板主要用于建筑物室内饰面，如地面、柱面、墙面、造型面、酒吧台侧立面与台面、橱柜的台立面与台面、卫生间的台立面与台面及各种家具的台面等。大理石磨光板有丰富多彩的花纹，常用来作为各种图案的装饰品。

2. 花岗岩

花岗岩（见图 4-2-2）是指以从火成岩中开采出来的花岗岩、安山岩、辉长岩、片麻岩为原料，经过切片、加工、磨光、修边后形成的不同规格的石板。按其颜色，天然花岗岩分类如下。

图 4-2-2　花岗岩

（1）红色系列：四川红、石棉红、岑溪红、虎皮红、樱桃红、平谷红、杜鹃红、连州大红、玫瑰红、贵妃红、鱼青红。

（2）黄红色系列：东留肉红、兴洋桃红、浅红小花、樱花红、虎皮黄、台湾红。

（3）青色系列：芝麻青、半易绿、黎西蓝、南雄青、芦花青、青花、竹叶青、济南青、细麻青。

（4）花白系列：白石花、四川花白、白虎涧、济南花白、黑白花、芝麻白、花白。

（5）黑色系列：淡青黑、纯黑、芝麻黑、川黑、贵州黑、沈阳黑、荣成黑、乌石黑、长春黑。

天然花岗岩的主要结构物质为长石和石英，质地坚硬、耐酸碱、耐腐蚀、耐高温、耐阳光晒、耐冰雪冻，而且耐擦、耐磨、耐久性好，一般使用年限 75～200 年，比大理石寿命长。天然花岗石属于高级装饰材料，主要应用于大型公共建筑或装饰等级要求较高的室内外装饰工程。花岗岩可用于宾馆、饭店、酒楼、商场、银行、展览馆、影剧院的内部及外部门面、墙体装饰，在住宅室内设计中可用于地面、墙面、台阶。

镜面花岗岩板材和细面花岗岩板材表面光洁光滑，质感细腻，多用于住宅室内墙面和地面。粗面花岗石板材表面质感粗糙、粗犷，有一种古朴、回归自然的亲切感。

大理石和花岗岩，通过被加工成毛板或毛光板用于装饰。地面石材的铺设专业性强，要求较高。常用的工具有：水平尺、橡胶锤、长靠尺、云石机。施工工艺流程为：清洁地面—湿润地面—基层抹干硬灰—排砖标号—弹分格线—施工面抹水泥浆—粘贴天然石板—勾缝—擦洗—打蜡抛光。

二、木材

木材的天然纹理与质感有非常良好的装饰性。木材用于装饰已有悠久的历史，尽管我国森林资源短缺，但木材仍是一种不可或缺的重要装饰材料。由于木材是稀缺资源，对于木材的充分合理应用的新技术、新方法、新产品越来越多，即木制产品种类越来越多。

木材优点是加工性能好、强度高、弹性和韧性好，花纹美丽、保温性好。缺点是易变形、易燃、易腐，常有天然缺陷。木材的质量主要取决于木质的强度和含水率两个方面。在强度方面，木材顺纹方向的强度比横纹方向的强度大得多。此外，含水率的大小直接影响到木材的强度和体积。树种不同，含水率也不同，木材含水率越高，其强度越小；含水率越小，其强度越大。木材的硬度和耐腐性也对木材的强度有影响。如泡桐的强度小，其耐磨性低的，荔枝木、红豆木耐磨性大。木材有明显的湿胀干缩性，特别容易吸收空气中的水分，并产生形变。因此，在木制的使用时，应注意季节气候的变化或采用一定的技术方法。

随着科学技术的提高，对木材的综合利用有了突飞猛进的发展，越来越多价廉物美、形式多样、用途广泛的木装饰制品应运而生，例如：木地板、木饰面板、纤维板、刨花板、密度板、木芯板、复合板、微贴板、层板、橡胶木板、企口拼板、压缩木板等。

1. 木地板

木地板按生产方式可分为：实木地板、实木复合木地板、复合木地板、竹木地板和软木地板等。

（1）实木地板（见图 4-2-3）。实木地板利用木材的加工性能，采用横切、纵切以及拼接办法制成的木地板。尤以润泽的质感、良好的触感、高贵的观感、自然环保的美感，受到人们的推崇。实木地板可分为平口实木地板、拼花木地板、企口木地板、竖木地板、指接木地板、集成地板等。

图 4–2–3　实木地板

(2) 实木复合木地板（见图 4–2–4）。近几年来，市场上出现了大量高档的实木地板，如紫檀木、鸡翅木、红豆木、酸枝木、铁力木、乌木等，实际上都是一种木材的复合体，一般由三层或多层组成。实木复合木地板表面层为优质硬木规格薄板条镶拼而成，层膜不厚。芯层为软木条黏结而成，底层为旋切单板，然后层压成型。实木复合木地板的特点是保留了实木地板的天然特性，而又突出了高档木板的装饰性，并大大降低了地板成本，提高了木板的使用率。在许多家具制作中，也采用了类似的木材，被人们称之为“橡胶木”的木地板也属于这一类产品。

图 4–2–4　实木复合木地板

（3）复合木地板（见图 4-2-5）。复合木地板也是近年来市场上用量最大的一种人造地板，又称强化木地板。它一般分为四层：耐磨层、装饰层、芯层和防潮层。复合木地板的优点是：耐磨性强，花色品种多，色彩典雅稳定，抗静电，耐酸、耐碱、耐热、耐香烟灼烧，特别适用于北方冬季地热的使用。此外，其抗污染性也是一大优点，复合木地板容易清洗。施工时，复合木地板可以粘，也可以直接铺设，不用黏胶，对基层平整度要求不高，与之施工配套使用的发泡塑料既解决了其弹性差的问题，也使施工更简便。当然，复合木地板也存在着一定的问题，其缺点是：复合木地板的脚感没有实木地板好。不同质量的复合木地板，耐磨性也不同，使用时间较长时，接缝时易产生起翘现象，接口明显，特别是一些价位较低且质量一般的复合木地板，这种现象十分普遍。部分复合木地板在胶粘剂中含有一定量的甲醛，过量的甲醛对人体有危害作用，长期生活在甲醛环境中，对人体的健康有影响。

图 4-2-5　复合木地板

（4）竹木地板（见图 4-2-6）。竹木地板是近几年发展速度很快的一种地板。它采用天然优质的楠竹，通过粗加工、碳化、蒸煮漂白、粗材胶合、板材成型等施工工艺，与木材结合在一起，将其压制而成，充分利用竹材硬度大、质细、不易变形、纤维长的特点，是一种优质地板，如侧压竹木地板、竹表皮地板、竹木结合木地板、竹拼块地板、竹丝地板等。

图 4-2-6　竹木地板

2. 木饰面板

木饰面板，是非常重要的装饰材料，木饰面板种类越来越多，大体有以下几种：胶合板、细木工板、纤维板、刨花板、密度板、层板、橡胶板、三聚氰胺面板、金属贴面板、保丽贴面板等。

（1）胶合板（见图 4-2-7）。胶合板是将原木采用旋切或横切的方法，切成木皮，采用奇数拼接的方法，以各层纤维相互垂直热粘成型的人造板材。按照胶合板层次可分为：三合板、五合板、七合板、九层板、十一层板等，常用的是三合板、五合板和九层板。

图 4-2-7　胶合板

胶合板易于加工，表面平整，适应性强，收缩性小，不易变形；板面面皮种类繁多，花纹美丽，是装饰工程中常用的板材。常用胶合板的品种有：水曲柳、白缘、白拴、白橡、柳桉、黑胡桃、红胡桃、红榉、沙贝利、雀眼、树瘤、白影、红影、紫檀、黑檀、白枫、美柚、泰柚等。胶合板适用于住宅室内装饰的各个部位。它可以用作装饰基础，可用作壁面装饰，可直接用来吊顶，可用来做门窗，可包柱，可制作暖气罩、护墙板，可制作各种家具、橱窗等。

（2）细木工板（见图 4-2-8）。细木工板是由上、下两层木片，中间有小木条芯板拼接而成。细木工板，又称“木芯板”。根据芯板的组成不同可分为三种：第一种是采用同种木材齿接长条，而又无缝黏合在一起，这种板质量好，断面无空隙，强度大，常用来做龙骨或柜子使用；第二种是采用杂木密集排列，木条之间少有空隙，但不粘接，这种结构的截面无缝，常用于中档家具和门窗骨料；第三种板条中间有缝，并无粘接，两面用木皮黏合而成，价格低廉，常用于整片龙骨和吊顶骨架使用。

图 4-2-8　细木工板

细木工板的特点是：可代替原木板材使用，不易变形，光洁度好，易于加工，施工方便。细木工板可直接作为面层板使用，也可作龙骨，是目前装饰最常用的材料。细木工板经常与胶合板贴面组合，可完成各种造型，如展台、展柜、家具、门、窗套工程，也可作为木地板、吊顶、墙壁木龙骨使用。

（3）纤维板（见图 4-2-9）。纤维板以木质纤维或其他植物纤维材料为原料，经过破碎浸泡、研磨成木浆，再加入添加剂、胶料、垫压成型、干燥、切割工序制成的一种人造板材。按原料和生产工艺不同可分为：包装用纤维板、高密度板、中密度板。纤维板的原材料来源非常丰富，有木材剩余物（如树枝、薪炭材）、木板加工剩余物（如板皮、边条、刨花、锯末）、木质植物（如棉秆、麻秆、甘蔗渣）、粉尘（如棉纺尘）。

图 4-2-9　纤维板

（4）刨花板（见图 4-2-10）。刨花板是利用胶凝材料和木粉、刨花、锯末、亚麻屑、甘蔗渣等压制成型的人造板材。按原材料，特别是凝胶材料不同，可分为木材刨花板、甘蔗渣刨花板、水泥刨花板、亚麻屑刨花板、竹木刨花板、棉秆刨花板、稻壳刨花板、麦秆刨花板等。刨花板价格便宜、成材幅面大、容易加工，是一种中低档装饰材料。刨花板的缺点是强度较低，遇水容易膨胀变形。

图 4-2-10　刨花板

（5）木装饰线条（见图 4-2-11）。木装饰线条，简称木线。制作木线的材料要求较高，一般选用无疤、无裂、干燥、材直的优质木材，直接作为木质的装饰线条使用。

图 4-2-11　木装饰线条

三、金属

住宅室内装饰用的金属材料，主要为金、银、铜、铬、铁及其合金，特别是钢和铝合金更以其优良的机械性能、较低的价格而被广泛应用。在住宅室内装饰工程中主要应用的是金属材料的板材、型材及其制品。将各种涂层、着色工艺用于金属材料，不但大大改善了金属材料的抗腐蚀性能，而且赋予了金属材料以多变、华丽的外表，更加确立了其在住宅室内装饰中的地位。

在住宅室内设计中常用的钢材中，经常采用添加多种元素的方式或在基体表面上进行艺术处理，可使普通钢材成为一种金属感强、美观大方的装饰材料，在装饰工程中，越来越受到关注。常用的装饰用钢材有不锈钢及其制品、彩色涂层钢板、轻钢龙骨等。

1. 不锈钢

不锈钢(见图 4-2-12)是以铬元素为主要元素的合金钢，通常是指含铬 12%的具有耐腐蚀性能的铁基合金。铬含量越高，钢的抗腐蚀性越好。除铬外，不锈钢中还含有镍、锰、钛、硅等元素，这些元素都能影响不锈钢的强度、塑性、韧性和耐腐蚀性。

图 4-2-12　不锈钢

2. 彩色涂层钢板

彩色涂层钢板（见图 4-2-13）可分有机涂层、无机涂层和复合涂层三种，以有机涂层钢板发展最快。有机涂层可以配制各种不同色彩和花纹，故称之为彩色涂层钢板。彩色涂层钢板的原板通常为热轧钢板和镀锌钢板，最常用的有机涂层为聚氯乙烯、聚丙烯酸酯、环氧树脂、醇酸树脂等。涂层与钢板的结合采用薄膜层压法和涂料涂覆法两种。根据结构的不同，彩色涂层钢板大致可分为涂装钢板、PVC 钢板、隔热涂装钢板、高耐久性涂层钢板。

图 4-2-13　彩色涂层钢板

3. 龙骨

龙骨（见图 4-2-14）是指罩面板装饰中的骨架材料。罩面板装饰包括住宅室内厢墙、厢断、吊顶。与抹灰类和贴面类装饰相比，罩面板极大地减少了住宅室内装饰工程中的作业工程量。龙骨按用途分为隔墙龙骨和吊顶龙骨。隔墙龙骨一般作为住宅室内隔断墙骨架，两面覆以石膏板或石棉水泥板、塑料板、纤维板、金属板等为墙面，表面用塑料壁纸或贴墙布装饰，内墙用涂料等进行装饰，以组成新型完整的隔断墙。吊顶龙骨用作住宅室内吊顶骨架，面层采用各种吸声材料，以形成新颖美观的室内吊顶，特别是厨房和卫生间的吊顶。龙骨的材料有轻钢、铝合金、塑料等。

图 4-2-14　龙骨

四、涂料

涂料（见图 4-2-15）涂敷于物体表面，并与物体表面紧密黏合在一起，并能形成一层均匀的保护膜，从而对物体表面形成装饰、保护或使物体表面具有特定功能的材料称为涂料。涂料和油漆在住宅室内的装饰工程中被统称为“涂料”。俗话说：“三分木工，七分油工”，从一个侧面也反映了涂料在住宅室内装饰工程中的重要作用。合理的选用涂料、科学的施工技艺、艺术的搭配方式、严格的施工规范，是装饰涂料工程中必须认真对待的问题。涂料的组成可分为成膜物质、溶剂、填料、助剂四类。

图 4-2-15 涂料

1. 成膜物质

成膜物质是指能牢靠地附在基层表面，形成连续、均匀、坚韧保护膜的物质。目前成膜物质主要的部分以合成树脂为主，如醇酸树脂、硝基树脂、聚氨酯、聚酯、酚醛树脂、丙烯酸树脂、聚乙烯醇树脂、聚醋酸乙烯、苯丙乳液、乙丙乳液、硅酸钠等。

2. 溶剂

溶剂又称稀释剂，是涂料中不可缺少的组成。通过溶剂的添加比重变化，可以调整涂料的黏度、干燥时间、硬度等一系列指标，同时也是装饰施工过程不可缺少的重要原料。溶剂既能起到溶解的作用，而且还有一定稀释的作用，并可降低黏度，提高渗透力。而且许多溶剂还是重要的固化剂，容易挥发，加快漆膜的干燥速度，通过对溶剂的合理使用，可降低涂料涂刷成本。涂料在施工过程中更是离不开溶剂的使用，如进行装饰工具的清洗、现场涂料装饰工作面的清理等。

常用的溶剂有：松香水、酒精、汽油、苯、二甲苯、丙酮、乙醚、乙酸乙酯、丁醇、醋酸丁酯、水等。溶剂是有较强的挥发性、易燃性，有些溶剂还有一定的毒性，如苯类溶剂、二氯乙烷等。

3. 填料

填料是指为了提高漆膜遮盖能力、增强黏度、改变颜色、改善涂料的性能、降低成本等功能，而向成膜物质和溶剂构成的混合液体内加入的一些粉末状物质。

常用的填料由两部分组成：一种是普通填料，另一种是颜料。常用的普通填料有，石粉、轻质碳酸钙、重质碳酸钙、滑石粉、瓷土、石英石粉、云母粉、可赛银粉、立得粉、老粉、石膏，细砂等。颜料的品种很多，按其化学性质可分为有机颜料和无机颜料。

4. 助剂

助剂是为了进一步改善涂料的某些性能而在配置涂料中加入的某些物质，其掺量较少，一般只占涂料的总量的百分之几到万分之几，但效果显著。常用的助剂有如下几类。

(1) 硬化剂、干燥剂、催化剂等。这类助剂的加入能加速涂膜在室温下的干燥硬化，改善感应或涂膜的性能。

(2) 增塑剂、增白剂、紫外线吸收剂、抗氧化剂等。这类助剂有助于改善涂膜的柔软性、耐候性等。

(3) 防污剂、防霉剂、阻燃剂、杀虫剂等。这些助剂可使涂料具有防霉、防污、防火、杀虫等特殊性能。

此外还有分散剂、增调剂、防冻剂、防锈剂、芳香剂等。

五、陶瓷

装饰用陶瓷的黏土是由天然岩石经长期分化而成，一般黏土是由多种矿物组成的混合体，其化学成分有：二氧化硅、三氧化二铝、三氧化二铁、氧化钙、氧化镁、氧化钾、氧化钠、氧化钛等。含以高岭土为主的黏土为瓷土；含微晶高岭土的黏土是一种含铁的铝硅酸盐，称为蒙脱土或膨润土，主要用于烧制陶器，所以也被称为陶土。以黏土为主要原料，经配料、制坯、干燥、熔制成的成品，称为陶瓷制品。常见的装饰用陶瓷可分为陶器、瓷器和炻器。

1. 陶器

陶器（见图 4-2-16）吸水率低，不透明、不明亮，敲击声粗哑，断面粗糙无光，有的无釉，有的施釉。陶器可分为粗陶器和精陶器。粗陶器主要是由砂质黏土烧制而成，它一般带有颜色，吸水率为 27%左右，如红砖、青砖、瓦、缸等。精陶器是指坯体呈白色或象牙色的多孔制品，大多是以可塑性黏土、高岭土、长石、石英等为原料。精陶一般分两次烧制，素烧的温度为 1270℃左右，釉烧的温度为 1050～1150℃，吸水率一般为 9%～17%。常用的装饰用陶器有陶釉面砖、美术陶器、日用精陶等。

图 4-2-16　住宅室内的砖墙装饰

2. 瓷器

瓷器（见图 4-2-17）是瓷土烧制而成。瓷器坯体致密、基本上不吸水，有一定的半透明性，通常都施有釉面层。瓷器通常可用生活日用品、餐具、茶具和美术用品，也可以生产出一些特种瓷。

图 4-2-17　住宅室内的日用瓷器

釉是附于瓷器表面的连续的玻璃质层。釉可以认为是玻璃体，某些物理性质与玻璃类似，但瓷器毕竟不是玻璃。重要差别在于釉一般在溶化时，很黏稠而不动，能保持釉涂层不会流走，在直立表面不会下坠。釉按化学成分分为：长石釉、石灰釉、滑石釉、混合釉、铅釉、硼釉、土釉、食盐釉。施釉后能改变坯体表面性能，提高机械强度；保证坯体不吸水、不透气；保护彩釉画面，防止有毒性元素溶出，提高瓷器的应用范围和艺术性能。

3. 炻器

炻器（见图 4-2-18），又称半瓷。炻器是介于陶器和瓷器之间的一类产品，它与陶瓷的区别在于陶器坯体多孔，与瓷器的区别在于炻器坯体多带颜色，且无半透明性。炻器通常可以分为粗炻器和细炻器。装饰用缸砖、锦砖、地砖均为粗炻器；电器陶瓷、部分日用陶瓷如白陶砂锅、黑陶瓷器、紫砂等均为细炻器。在住宅室内装饰中，按陶瓷用途的不同可以分为外墙面砖、内墙面砖、地面砖、锦砖（马赛克）、陶瓷壁画等。

图 4-2-18　住宅室内的锦砖装饰

六、玻璃

玻璃是住宅室内装饰工程里经常用到的一种装饰材料，按照材料本身的不同的加工制作工艺，玻璃可以分为普通平板玻璃、压花玻璃、镀膜反光平板玻璃、钢化玻璃、磨砂玻璃、特厚玻璃、印刷玻璃、刻花玻璃、装饰玻璃镜、冰花玻璃、夹丝玻璃、艺术镶嵌玻璃等（见图 4-2-19）。

图 4-2-19　玻璃

（1）普通平板玻璃。平板玻璃有透光、隔声、透视性好的特点，并有一定隔热性、隔寒性。平板玻璃硬度高，抗压强度好，耐风压，耐雨淋，耐擦洗，耐酸碱腐蚀，但质脆，怕强震、怕敲击。平板玻璃主要用于木质门窗、铝合金门窗、室内各种隔断、橱窗、橱柜、柜台、展台、展架、玻璃隔架、家具玻璃门等方面。常用厚度为 3 mm、5 mm、6 mm 等。

（2）压花玻璃。压花玻璃又称花纹玻璃或滚花玻璃，有无色、有色、彩色数种。这种玻璃的表面压有深浅不同的各种花纹图案。由于表面凹凸不平，所以当光线通过时即可产生漫射效果，因此从玻璃的一面看另一面的物体时，物体就会变得模糊不清，从而造成了这种迷幻的效果。此外，压花玻璃的表面可以设计成各式各样的压花图案，所以可以在住宅室内环境中营造出一定的装饰效果。这种玻璃多用于玄关、隔断、书房、厨房、卫生间等空间。

（3）镀膜反光平板玻璃。该玻璃是在蓝色或紫色吸热玻璃表面经特殊工艺，使玻璃表面形成金属氧化膜，能像镜面一样反光。这种玻璃有单向透视性，即在强光处看不见玻璃背面弱光处的物体。该玻璃常用于有特殊需求的空间，也可用于住宅室内的隔断墙、造型面、玄关、隔断等处。

（4）钢化玻璃。钢化玻璃是利用特殊的化学方法，将玻璃加热到一定温度后迅速冷却而形成的玻璃。这种玻璃除具有普通平板玻璃的透明度外，还具有很高的温度急变抵抗性，耐冲击性和机械强度高等特点。钢化玻璃破碎后，碎片小而无锐角，因此在使用中比较安全，故又称安全玻璃。常用于住宅室内的需要大尺度玻璃体的环境，如门窗、橱窗、展台、展柜等处。

（5）磨砂玻璃。磨砂玻璃是采用普通平板玻璃，以硅砂、金刚砂、石棉石粉为研磨材料，加水研磨而成，具有透光而不透明的特点。由于光线通过磨砂玻璃后形成漫射效果，所以这种玻璃还具有控制眩光的特点。该玻璃主要用于住宅室内的各种门窗、玄关、隔断等处。

（6）特厚玻璃。特厚玻璃具有无色、透明度高，内部质量好，加工精细、耐冲击，机械强度高等特点。因其尺度较厚的特点，常适于需要超大尺度玻璃体的环境，如落地门窗、橱窗、柜台、展台大型玻璃展架，是一种高级装饰玻璃。

（7）印刷玻璃。印刷玻璃是利用特殊材料在普通平板玻璃上印刷出各种彩色图案花纹的玻璃，是一种新型的装饰玻璃。印刷玻璃印刷图案的地方是不透光的，而空格处透光，因此形成了独特的装饰效果。印刷玻璃可用于住宅室内的装饰门窗、玄关、隔断等处。

（8）刻花玻璃。刻花玻璃是在普通平板玻璃上用机械加工方法或化学腐蚀的方法制出图案或花纹的玻璃。该玻璃刻花图案透光不透明，有明显的立体层次感，装饰效果高雅，多用于住宅室内的装饰环境。

（9）装饰玻璃镜。装饰玻璃镜是采用高质量平板玻璃为基材，在其表面经镀银工艺，再覆盖一层镀银和一层涂底漆，最后涂上灰色面漆而制成。装饰玻璃镜与手工镀银镜、真空镀铝镜相比，具有镜面尺寸大，成像清晰逼真，抗盐雾、抗温热性能好，使用寿命长的特点。特别适合各种装饰性的墙面、柱面、天花面、造型面的装饰，以及厨房、卫生间穿衣镜等。

（10）冰花玻璃。冰花玻璃是一种利用平板玻璃经特殊处理形成自然的冰花纹理。其具有立体感强，花纹自然，质感柔和，透光不透明，视感舒适的特点，是一种新型的住宅室内装饰玻璃。冰花玻璃可用于住宅室内的门窗、玄关、隔断等场所，还可以用于家具、灯具的装饰。

（11）夹丝玻璃。夹丝玻璃是在玻璃的制造过程中，在其中设置连续的金属网而出。夹丝玻璃的特点是其具有破而不缺、裂而不散的性能，能经受一定的震动和外力冲击。即使破损，夹丝玻璃的碎片脱落也很少，具有很高的安全性和防震作用。在发生火灾时，该玻璃不会炸裂，能防止火焰和火星的飞出，具有防火性。且该玻璃具有很好的装饰特性及不透明的特点，又使室内光线柔和。夹丝玻璃常用于住宅室内的通道、门窗、防火门、阳台围护窗等。

（12）艺术镶嵌玻璃。艺术镶嵌玻璃是利用铜条或铜线与玻璃经镶嵌加工组合而形成的装饰效果极佳的玻璃。这种玻璃形式多样，色彩丰富，装饰效果好，可以用于门窗、玄关、隔断、采光顶棚等处。

七、纸类、布类

除了自然材料外，还有纸类、布类等人工材料。纸类、布类材料具有柔软、样式多、易更换、造价低等特点，由于其可塑性强，通常可以用于住宅室内的装饰设计中。纸类、布类等材料可以按照设计要求塑造成各种造型，为设计主题服务，经常以界面装饰、重点装饰或墙纸装饰等形式出现在住宅室内环境中（见图 4–2–20）。

图 4–2–20　纸类装饰材料

思考题

1. 住宅室内装饰材料可以分成哪几类？
2. 在选择住宅室内装饰材料时应该注意哪些方面？
3. 装饰材料中的大理石和花岗岩分别有哪些特性？如何运用？
4. 住宅室内装饰材料中的木材有哪些形式？

第五章

住宅室内设计与人体工程学

ZHUZHAI SHINEI SHEJI YU RENTI GONGCHENGXUE

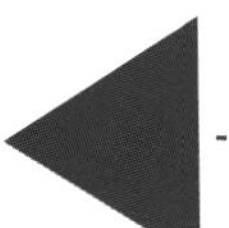

第一节 人体工程学

一、人体工程学概述

人体工程学也称人机工程学、人类工学或人类工程学。现代人体工程学是在战争中诞生的，它首先应用在军事上。第二次世界大战后，人体工程学迅速在空间技术、工业生产、日常生活用品和建筑设计中发展。

人体工程学主要研究人和机器、环境的相互作用及其合理结合，使设计的机器与环境系统适合人的生理、心理等需求，满足在生产、生活中效率、安全、健康和舒适的要求。在人体工程学中的人是指操作者或使用者；机泛指人可操作与可使用的物，可以是机器，也可以是用具或生活用品、设施、计算机软件等各种与人发生关系的事物；环境是指人与机共处的环境，如作业场所和作业空间，或是自然环境和社会环境等。

人机工程学是以人的生理、心理特性为依据，分析研究人与机、人与环境以及机与环境之间的相互作用，为设计操作简便、省力、安全、舒适，人—机—环境的配合达到最佳状态的系统提供理论和方法的学科，追求实现人类和技术完美、和谐融合的目标。

二、人体工程学在住宅室内设计中的作用

1. 为确定活动空间范围提供设计依据

根据人体工程学中的有关测量数据结果，从人在住宅室内空间中的各种活动形式、空间需求、心理感受等方面考虑，为确定活动空间范围提供设计依据（见图 5–1–1）。

图 5–1–1　空间尺度

2. 为家具设计、设施尺寸等提供依据

在住宅室内空间中，家具及设施都是为人所使用的，因此其造型、尺寸、使用方法等都必须满足人的需要。人体工程学可以为家具及设施的设计提供依据（见图 5-1-2）。

图 5-1-2　家具

3. 为环境系统的优化提供依据

通过对人的视觉、听觉、嗅觉、触觉的研究，以及对住宅室内热环境、光环境、声环境等物理条件的研究，有助于为住宅室内的色彩设计、照明设计、绿化设计等提供依据（见图 5-1-3）。

图 5-1-3　环境营造

4. 使设计中考虑对事故的预防

除了为优化环境提供依据外，人体工程学还考虑住宅室内环境中的安全问题，对事故的预防、人员的疏散、安全的设计等提供依据。

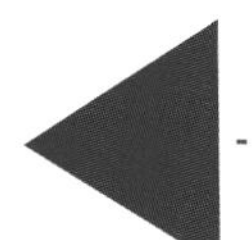

第二节 人体工程学的基本数据

人体工程学中对于人体数据的测量与应用，是其重要的研究内容之一。根据人的形体构造和活动形式，人体的尺寸可以分为人体构造尺寸（静态尺寸）和人体功能尺寸（动态尺寸）。此外，还要研究家具尺寸。

一、人体构造尺寸

人体构造尺寸（见图 5-2-1 和图 5-2-2）是指人体在静止状态下的各种人体尺寸，是人体工程学中最基本的数据之一，受年龄、性别、区域、姿势等因素的影响。

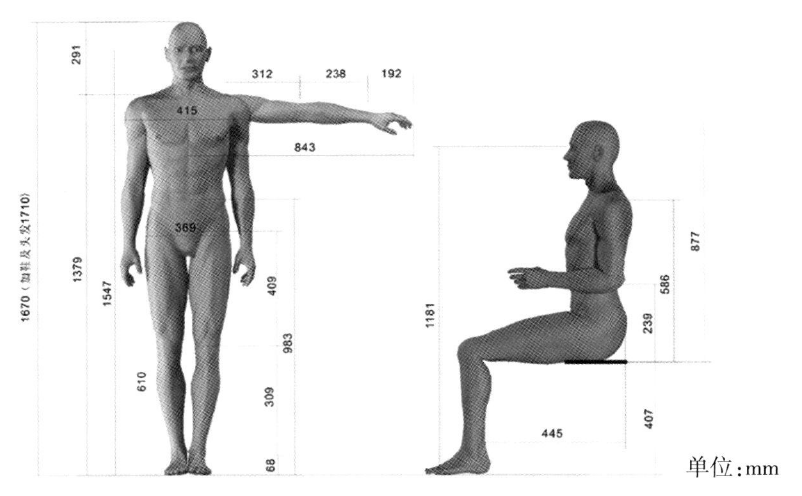

图 5-2-1　男性站姿、坐姿构造尺寸

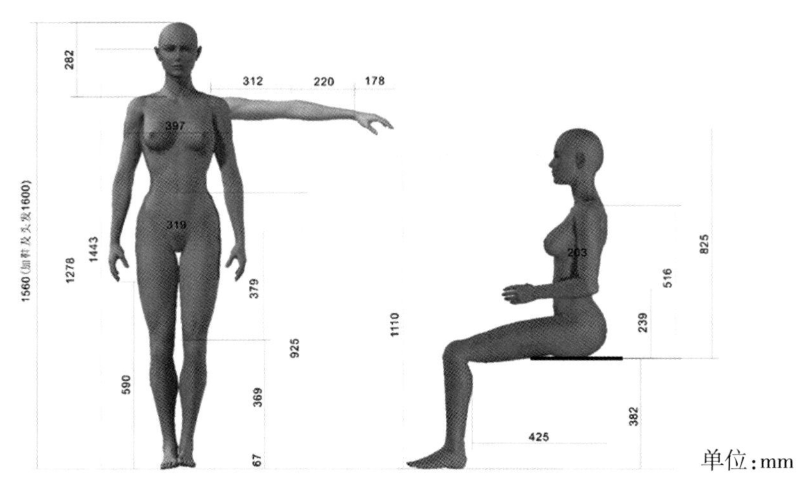

图 5-2-2　女性站姿、坐姿构造尺寸

二、人体功能尺寸

人体功能尺寸（见图 5-2-3 至图 5-2-5）是指人体在动态的状态下，各种工作和生活活动范围的尺寸，是人在活动时肢体所能达到的范围，与年龄、性别、区域、活动内容及活动方式等因素有关。

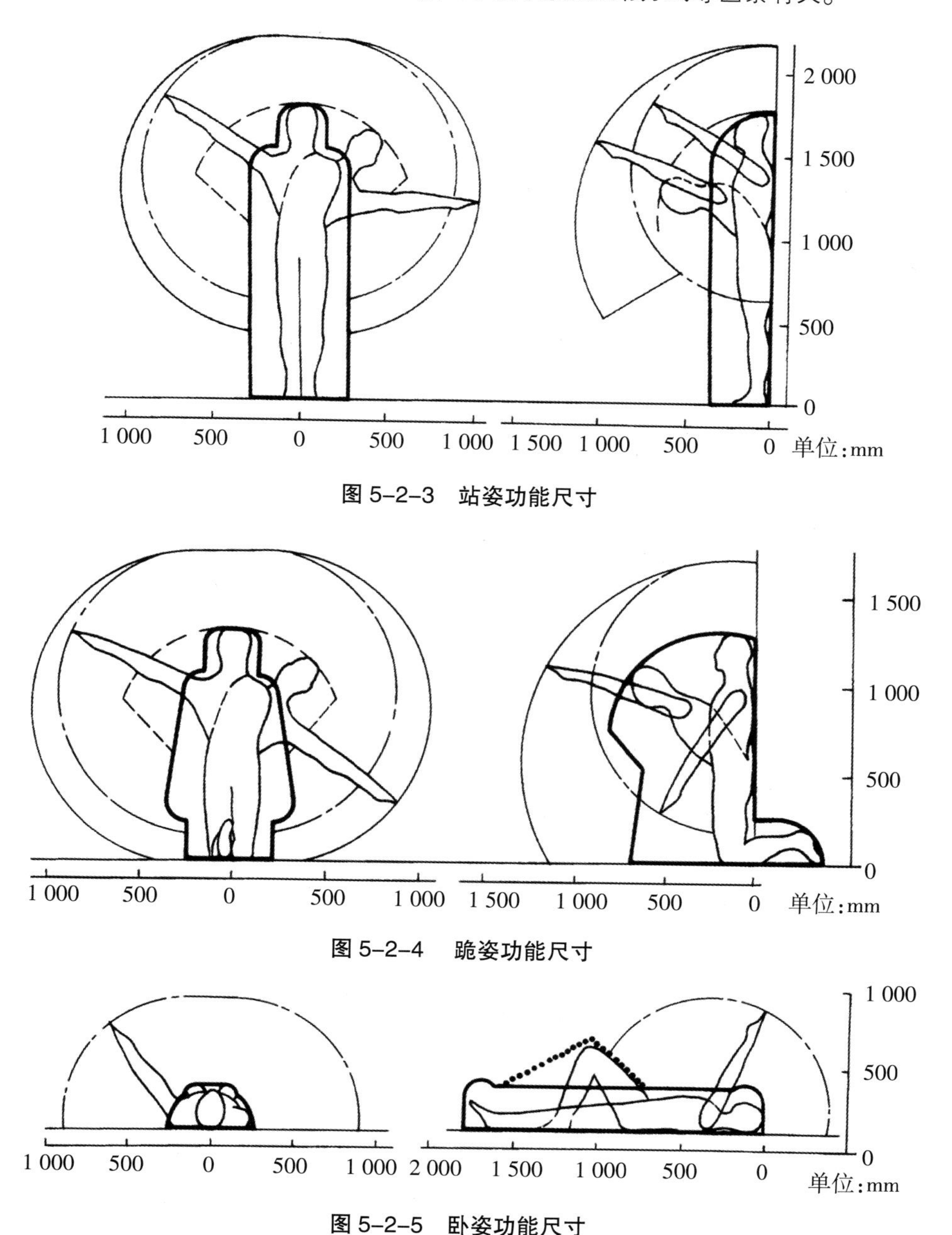

图 5-2-3　站姿功能尺寸

图 5-2-4　跪姿功能尺寸

图 5-2-5　卧姿功能尺寸

三、家具尺寸

家具的设计离不开人体尺寸的测量数据，任何形式的家具都要满足人体使用的需求。如以椅子的尺寸为例来研究人体尺寸和家具的尺寸关系。如果椅子的坐高是 420 mm，那么椅子靠背的转折处按 1.618 的比率去推算，应在约 680 mm 处，这个高度正好抵在人的腰椎吃力点上；如果以座位最低基准点 380 mm 为标准乘以 1.618 的比率，其高度约是 615 mm，正好抵在腰的支撑中心处（见图 5-2-6）。

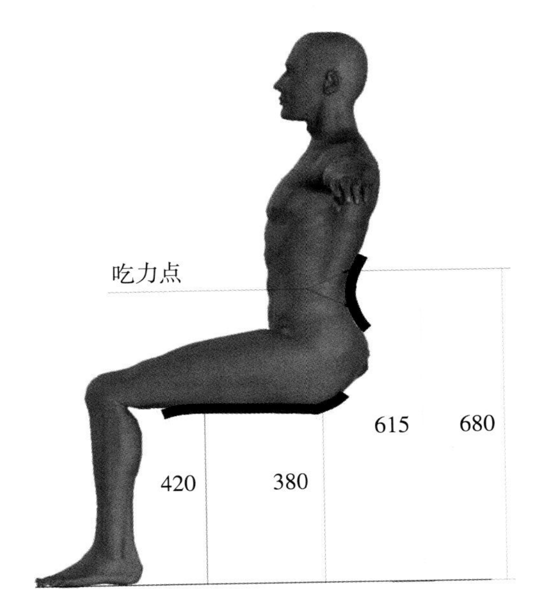

图 5-2-6　家具与人体尺度关系

以人体坐姿为例，将每一种不同程度的姿态测量出来的数据加以整合，结合尺寸数据和座椅的关系，就可以绘制出一张适合人体使用的座椅（见图 5-2-7 和图 5-2-8）。

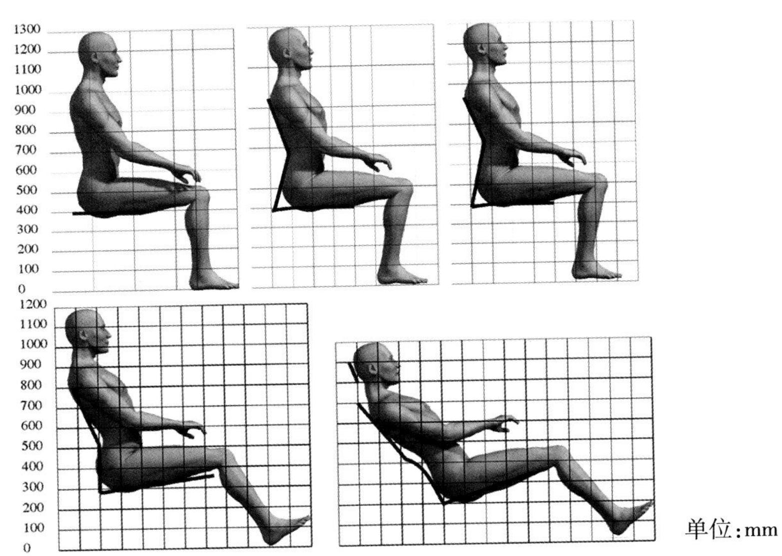

图 5-2-7　人体坐姿姿态

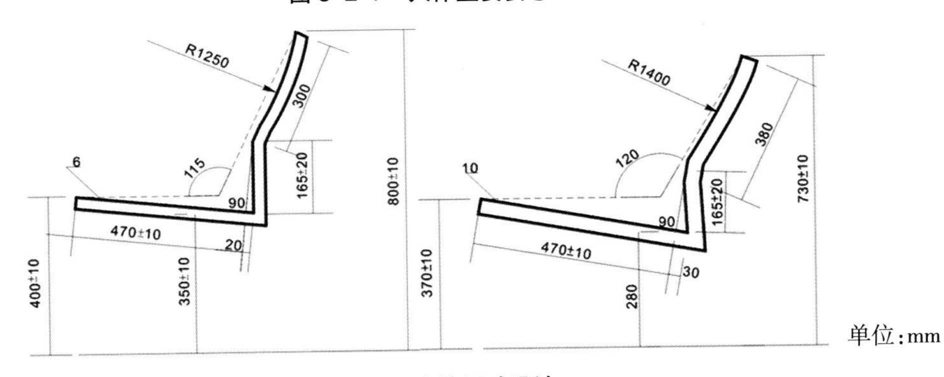

图 5-2-8　座椅尺寸设计

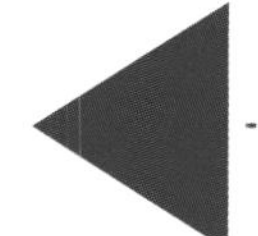

第三节 其他补充人体尺寸

不同的地区、不同的年龄、不同的性别、不同的姿势都会产生人体尺寸的变化，下面补充一些其他常用的与日常生活相关的人体尺寸（见表 5-3-1 和图 5-3-1、图 5-3-2）。

表 5-3-1　不同地区的人体构造尺寸(单位:mm)

编号	项目	较高人体地区（冀、鲁、辽）		中等人体地区（长江三角洲）		较低人体地区（川）	
		男	女	男	女	男	女
1	身高	1690	1580	1670	1560	1630	1530
2	最大人体宽度	520	487	515	482	510	477
3	立正时眼高	1573	1474	1547	1443	1512	1420
4	肩宽	420	387	415	397	414	386
5	两肘宽	515	482	510	477	505	472
6	小腿高度	397	373	392	369	391	365
7	臀部—膝腿部长度	415	395	409	379	403	378
8	臀部—膝盖长度	450	435	445	425	443	422
9	正常坐高	893	846	877	825	850	793
10	肘高	243	240	239	230	220	216
11	坐正时眼高	1203	1140	1181	1110	1144	1078
12	大腿厚度	150	135	145	130	140	125
13	臀部—足尖长度	450	435	445	425	443	422
14	手臂平伸最大距离	848	792	843	787	838	782
15	侧向手握距离	784	693	743	687	738	682
16	臀部宽度	307	307	309	319	311	320

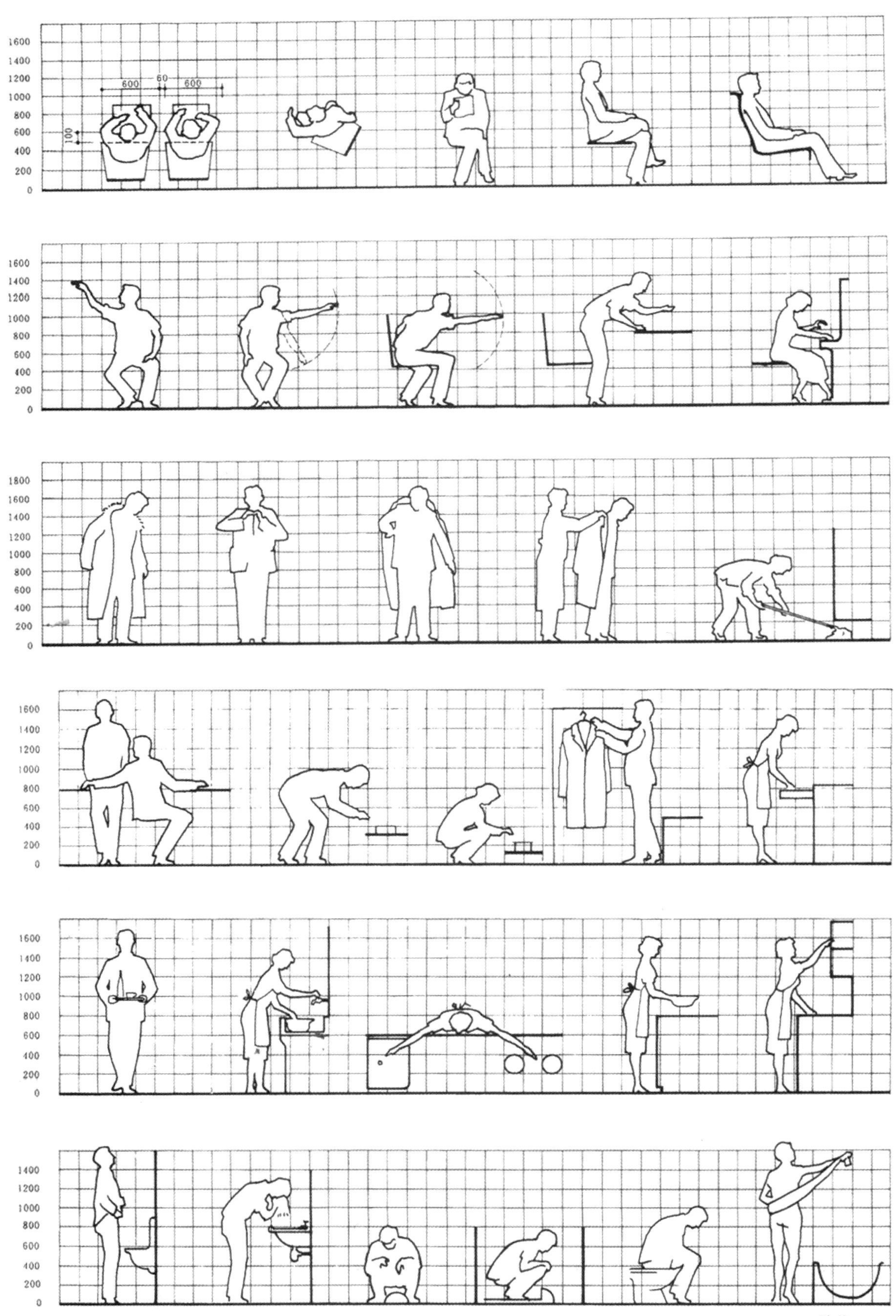

单位:mm

图 5-3-1　其他人体功能尺寸之一

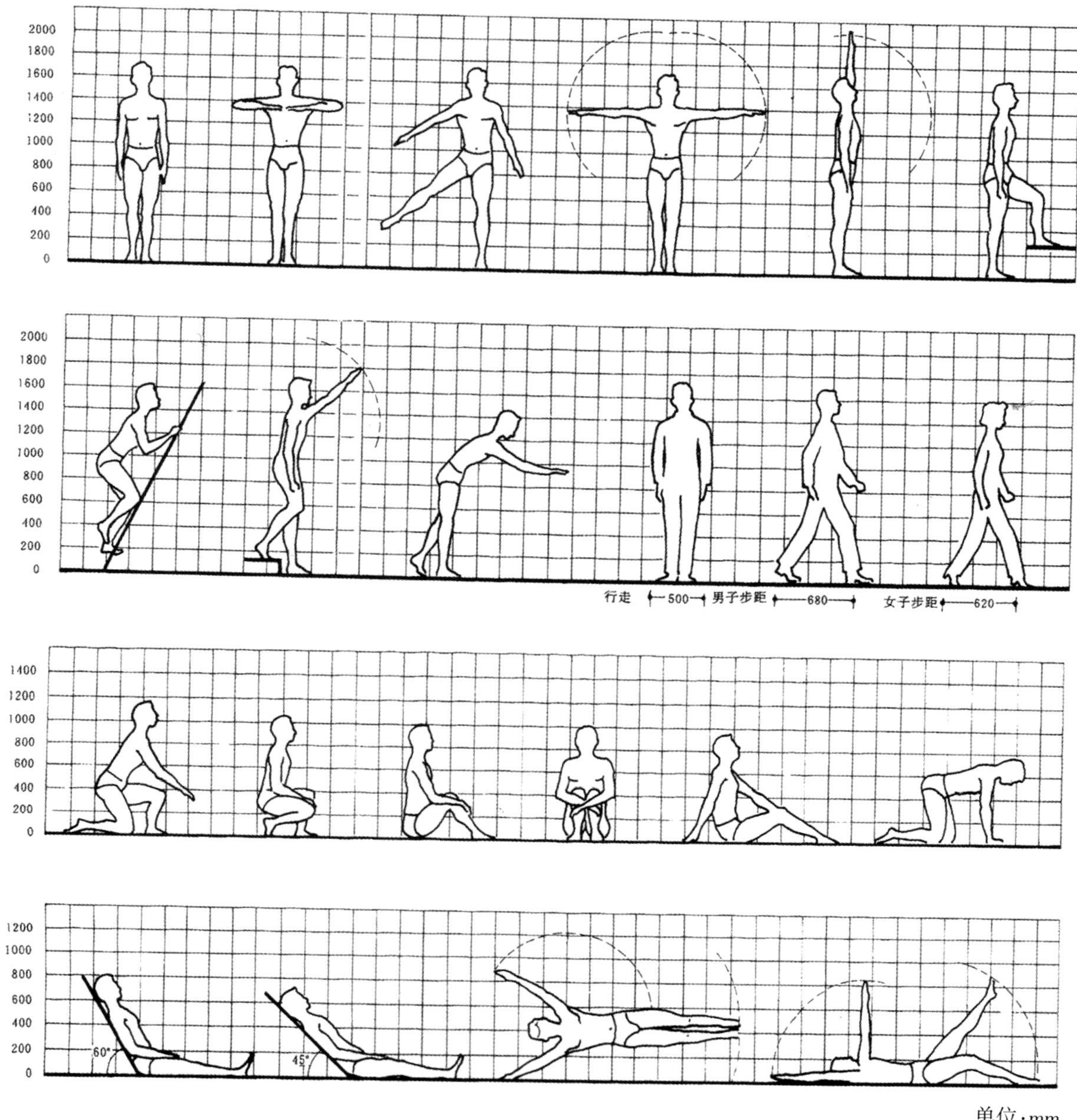

图 5-3-2　其他人体功能尺寸之二

思考题

1. 人体工程学主要研究哪几个方面的内容?
2. 人体工程学对住宅室内设计的作用是什么?
3. 如何确定人体工程学中的人体尺寸?
4. 人体工程学与家具设计的关系表现在哪些方面?

第六章

住宅室内色彩设计

ZHUZHAI SHINEI SECAI SHEJI

色彩是住宅室内设计中最重要的表现因素之一，通过色彩的表现能够使人产生一系列的物理、生理和心理的效应，形成丰富的联想和感受。住宅室内设计的主要功能和目的就是要满足人们物质和精神要求，使人们感到舒适。色彩作为重要的表现因素，只有充分发挥和利用色彩的特性，才能使得住宅室内设计满足人们的各种需求。

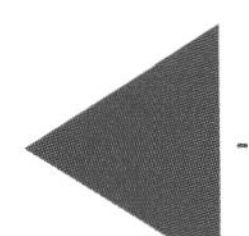

第一节 色彩对人产生的物理、生理和心理效应

一、色彩对人产生的物理效应

色彩对人们引起的视觉效果反应在物理性质方面有很多种形式，如冷暖、距离、轻重、大小等。色彩的物理效应在住宅室内设计中可以广泛运用。

1. 冷暖感

在色彩中，把不同色相（见图 6–1–1）的色彩分为冷色、暖色和温色。以蓝色为主的颜色都是冷色，如蓝色、蓝紫色、蓝绿色等，以深蓝色为最冷。以红色、黄色为主的颜色都是暖色，如红色、橙色、黄色、紫红色、黄绿色等，以橙色最暖。紫色是红与蓝的混合，绿色是黄与蓝的混合，被称为温色。这些理念与人们的生活经验是一致的，在长期的生活实践中，人类觉得太阳和火都有温暖的感觉，所以看到与太阳和火相近的色彩如红色、橙色、黄色时相应地会产生温暖的感觉（见图 6–1–2）；而蓝色、蓝绿色，让人仿佛看到江河湖海，森林田野，就会产生凉爽的感觉（见图 6–1–3）。

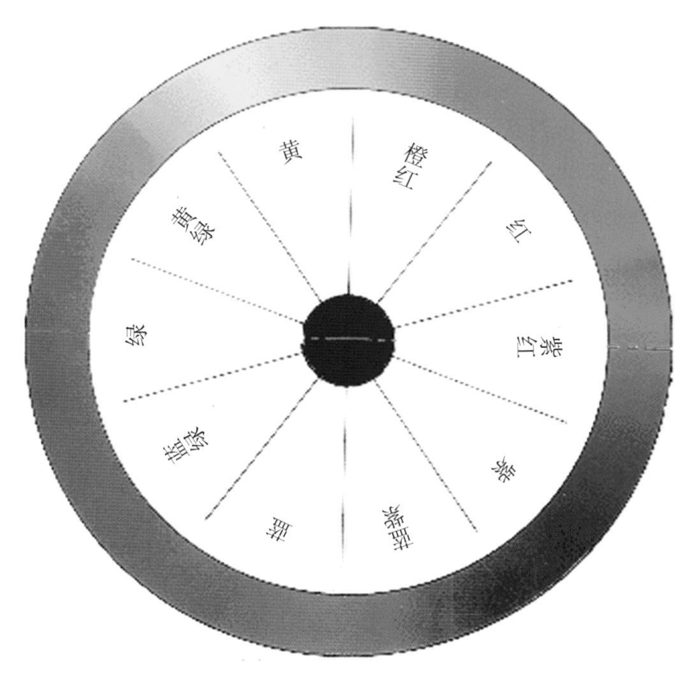

图 6–1–1 色相

图 6-1-2　色彩的温暖感

图 6-1-3　色彩的凉爽感

2. 距离感

色彩可以使空间产生不同的距离感。暖色和明度高的颜色具有前进、膨胀、接近的效果，而冷色和明度低的色彩则具有后退、收缩、远离的效果。住宅室内设计中常利用色彩的距离感改善空间的大小和高低。例如室内空间过大过高时，可用暖色减弱空旷感，提高亲切感，减弱距离感（见图 6-1-4）；室内空间过小过低时，可用冷色增加距离感（见图 6-1-5）。

图 6-1-4　暖色减弱距离感

图6-1-5　冷色增加距离感

3. 轻重感

色彩可以产生不同程度的轻重感（见图 6–1–6）。明度高、纯度高的颜色轻，如粉红色、柠檬黄色等；明度低、纯度低的颜色重，如蓝灰色、黑色等。住宅室内设计中经常用色彩轻重的感觉去调整室内的平衡和稳定，以满足视觉功能的需要。

图 6–1–6　色彩的轻重感

4. 大小感

色彩同样可以产生不同程度的大小感。暖色和明度高的颜色有膨胀扩散的作用，使得物体显得较大，如橙红色、中黄色等；冷色和明度低的颜色则具有收缩内敛的作用，使得物体显得较小，如深蓝色、蓝紫色等。在住宅室内设计中，不同空间、家具和陈设的大小和色彩都有着密切的关系，可以利用色彩的大小感来改变其的尺度感、体积感和空间感，使住宅室内设计中的各元素相得益彰。

暖色具有膨胀感如图 6–1–7 所示，冷色具有收缩感如图 6–1–8 所示。

图 6–1–7　暖色具有膨胀感

图 6–1–8　冷色具有收缩感

二、色彩对人产生的生理和心理效应

1. 生理效应

人们对色彩总在追求一种生理上的平衡状态，即人们若长时间只看一种颜色时，生理上就会出现不适，从而产生视觉疲劳，会自主寻求这种颜色的对比色。如长时间看着一个红色方块，然后对白色墙面快速眨眼，就会看见原本白色的墙面上会出现一个绿色方块。所以在住宅室内设计中尽量不要出现单一色彩的表现形式，而应该加入各种颜色进行视觉上的对比和调节。办公空间的色彩一般运用冷色较多，因为工作者若长时间接触暖色，容易引起不安与躁动，不利于冷静地开展工作。

室内暖色的运用如图 6-1-9 所示，室内冷色的运用如图 6-1-10 所示。

图 6-1-9　室内暖色的运用

图 6-1-10　室内冷色的运用

2. 心理效应

色彩同样可以引起人们不同的心理效应。在暖色的环境中，人的脉搏会自然加快，同时伴随有血压的升高，进而引起情绪的变化，表现为活跃、兴奋、冲动；而处在冷色的环境中，脉搏会自然减缓，血压趋于平稳，进而情绪也较冷静、沉稳。如在炎热的夏季，人们看见浓烈的红色会感觉烦躁，而看见浅蓝色的泳池会感觉凉爽。冷色使人凉爽如图 6-1-11 所示。在寒冷的冬季，人们看见白色的积雪会感觉寒冷，而看见火红色的炉膛会感觉温暖。暖色使人温暖如图 6-1-12 所示。

图 6-1-11　冷色使人凉爽

图 6-1-12　暖色使人温暖

第二节 住宅室内设计与色彩设计的关系

一、住宅室内功能与色彩设计

住宅室内的色彩应该满足人们的各种要求，使人们感到舒适。在功能要求方面，首先应该分析每个空间的使用性质，如客厅、主人房、客人房、儿童房、老人房等。由于使用对象和使用功能的不同，色彩设计就必须有所区别。不同空间的色彩设计要符合不同人群的年龄特点、喜好特点，甚至是职业特点等。例如儿童的房间，其色彩设计就应该有自然、活泼、生动的感觉。黄色如同阳光一样辉煌明亮，使人联想到春天的油菜花、夏天的向日葵、秋天的麦穗，都是生命的象征，若儿童房内的色彩以黄色为主色调，就会使室内充满着生命的希望与活力，这与儿童的年龄、兴趣、爱好吻合，也与儿童房的使用喜好贴近（见图 6-2-1）。

图 6-2-1　儿童房的色彩

二、住宅室内空间与色彩设计

住宅室内空间的形式千差万别，各式各样。当室内空间出现过大、过小、过高、过低的情况时，可以利用色彩设计进行适度的调整。色彩由于本身的性质具有冷暖、距离、轻重、大小等特点，所以其对住宅室内设计具有面积上或体量上的调整作用。空间形态变化复杂的环境，可以使用较单一的色彩；空间形态比较简单的环境，可以使用不同的色彩对比来展现空间的变化。过大的空间中使用单一色彩会显得空间单调乏味；过小的空间中出现多种色彩变化反而会显得凌乱不堪。空间中有较多家具陈设时，其天棚、墙面、地面的色彩变化要小；空间中的家具陈设不多时，可适当增加墙面天棚、地面的色彩变化。空间与色彩如图 6-2-2 所示。

图 6-2-2　空间与色彩

三、住宅室内材质与色彩设计

材质和色彩有着密切联系。各种材料有特定的颜色、光泽、冷暖、质感和肌理等属性，会给人们不同视觉感受，天然材料尤为如此。如何利用材料本身的质感和色彩，配以人为加工，对于住宅室内色彩设计而言，作用是相当明显的。材质与色彩如图 6-2-3 所示。

图 6-2-3　材质与色彩

四、住宅室内照明与色彩设计

照明与色彩同样有着密切的联系。照明与色彩的运用，是住宅室内设计中创造室内环境、改善室内照明条件、调整室内色彩效果的重要方法与手段。住宅室内的照明设计中有自然光源和人工光源两种。根据室内使用功能的需要，为了强调某些局部空间的照明与色彩，往往采用两者结合的方法，利用不同颜色的照明光源，从而改善空间或家具陈设的色相、明度和纯度。照明与色彩如图 6-2-4 所示。

图 6-2-4　照明与色彩

第三节 住宅室内设计中色彩设计的原则

色彩设计在住宅室内设计中起着创造和改善某种环境特点的作用，会产生不同的空间环境效果。所以，色彩是住宅室内设计中不能忽视的重要因素。住宅室内设计中的色彩设计要遵循一些基本的设计原则，使色彩与整个室内空间环境设计紧密地结合起来，从而达到最好的效果。

一、注重对比与统一的原则

在住宅室内设计中，各种色彩相互作用、相互影响，对比与统一是最根本的原则，如何恰如其分地处理这种关系是创造安全、合理、舒适、美观室内空间环境氛围的关键。色彩的对比与统一就是要注意色彩三要素——色相、明度和纯度之间的协调，从而产生各种对比与统一效果。因此，要在色彩设计中注重色相对比、明度对比、纯度对比以及冷暖对比，在统一中寻求对比，在对比中表现和谐统一（见图 6-3-1）。相互配合、相互制约，不要过于平淡、沉闷、单调，也不要过于鲜艳、跳跃、杂乱。在住宅室内设计中缤纷的色彩对比会给室内环境增添各种气氛，而使用过多的色彩对比，则会让人眼花缭乱而惶恐不安，甚至产生不好的效果。统一是控制、完善室内色彩环境氛围的基本原则，因此一定要注重色彩设计中对比与统一的关系，掌握合适的色彩搭配的原理，才能使住宅室内的色彩设计具有适合的意境和氛围。

图 6-3-1　对比与统一

二、关注人与色彩的情感

不同的色彩会给人带来不同的情感，所以在确定住宅室内色彩设计时，要充分考虑人对于色彩的情感。例如人们看到红色调（见图 6-3-2），会联想到太阳、火焰，从而感到能量、伟大，红色也容易使人们联想到血，感到不安、野蛮等。看到绿色调（见图 6-3-3），会联想到春天、万物复苏，从而感觉到充满希望、青春活力、和平发展等。看到黄色调（见图 6-3-4），会联想到田野麦穗，感到清新明朗、丰收喜悦、活跃兴奋。看到蓝色调（见图 6-3-5），会联想到天空、海洋，从而感到广阔、沉静。看到紫色调（见图 6-3-6），会联想到紫罗兰、葡萄，从而感到优美、高贵。看到白色调（见图 6-3-7），会联想到白云、雪花，从而感到洁白、神圣。看到灰色调（见图 6-3-8），会联想到阴天，从而感到忧郁、深沉。看到黑色调（见图 6-3-9），会联想到黑夜、煤炭，从而感到严肃、恐惧。所以在住宅室内设计中，儿童房适合纯度较高的浅色系；青年人适合对比度较大的色系；老年人适合具有稳定感的深色系。

图 6-3-2　红色调

图 6-3-3　绿色调

图 6-3-4　黄色调

图 6-3-5　蓝色调

图 6-3-6　紫色调

图 6-3-7　白色调

图 6-3-8　灰色调

图 6-3-9　黑色调

三、满足室内空间的功能需求

不同的空间有着不同的功能，色彩设计也要满足不同空间的各种功能。一般来说，纯度较低的色彩可以获得一种安静、柔和、舒适的空间气氛；纯度较高的色彩则可获得一种欢快、活泼与愉快的空间气氛。高明度的色彩可以获得光彩夺目的室内空间气氛；低明度的色彩则可以获得神秘和温馨之感。

四、符合空间构图的需要

住宅室内色彩设计必须符合空间构图的需要，充分发挥色彩对空间环境的影响，正确处理变化、协调和对比、统一的关系。在进行色彩设计时，首先要定好住宅室内空间色彩的主色调。主色调在室内氛围中起主导的作用。注重色彩的色相、明度、纯度和对比度的关系。其次要处理好多种色彩之间的对比与统一，在统一的基础的求变化，在变化中求统一，这样才容易取得良好的效果。为了取得统一又有变化的效果，大面积使用某种颜色时不宜采用过分鲜艳的色彩，而小面积的颜色可适当采用高明度和高纯度的色彩。最后，色彩设计还要体现出室内空间的稳定感，常采用上轻下重的色彩关系。色彩设计的变化，还应形成一定的韵律感和节奏感，注重色彩变化的规律。

第四节 住宅室内色彩设计的方法

在掌握一定的色彩设计的原则后，要完成住宅室内空间的色彩设计，实际上就是进行室内色彩的构图，进行色彩的创造。

一、确定主色调

主色调就是指住宅室内空间色彩整体的基本调子，它反映出室内色彩的性格、特点和风格，主色调的定位与室内表现的主题、使用者的目的相联系。室内主色调的选择是色彩设计的首要一步，针对室内空间的使用性质和功能，使主色调贯穿于整体的室内空间中，然后再考虑局部色彩的对比与变化。主色调如图 6-4-1 所示。

图 6-4-1 主色调

二、色彩的搭配

主色调确定以后，接下来就要考虑色彩的布局及搭配。住宅室内的色彩往往有背景色、主导色和点缀色之分。背景色（见图 6-4-2）是大面积的色，形成室内的主色调，占有较大的比例。主导色（见图 6-4-3）是室内主题家具的色彩，作为与主色调的协调色或对比色。点缀色（见图 6-4-4），即家居陈设物的色彩，虽占小的比例，但由于风格的独特、色彩的强烈，往往成为室内的视觉焦点，引人关注。

图 6-4-2 背景色

图 6-4-3　主导色

图 6-4-4　点缀色

三、色彩的整体构思

对于住宅室内色彩设计而言，色彩整体构思的重要性是不言而喻的。整体构思主要是协调好室内各种色彩的搭配与组合的方式。色彩设计的构思不是一成不变的，而是要根据室内的空间、性质以及重点表现的对象，设置合理的搭配与组合。如住宅室内的空间面积过大时，就不能只考虑家具和陈设的色彩，而应该同时对天棚、墙面、地面的色彩予以考虑，甚至是重点装饰，注重协调统一。住宅室内色彩的整体构思如图 6-4-5 所示。

图 6-4-5　住宅室内色彩的整体构思

四、色彩的调整

随着时代的发展和社会的需要，住宅室内色彩的设计会受到社会思潮、时尚文化、生活观念等各种条件的影响和制约而产生不断地调整和变化，所以对于某些特定功能需求的住宅室内空间，就要注重色彩的调整，营造出各种不同风格的空间氛围，给人舒适和谐、焕然一新、不断变化的面貌。

思考题

1. 住宅室内色彩对人产生的物理、生理和心理效应是如何表现的？
2. 住宅室内设计与色彩设计的关系表现在哪些方面？
3. 住宅室内色彩设计的原则有哪几个？
4. 住宅室内色彩设计的方法有哪些？

第七章

住宅室内照明设计

ZHUZHAI SHINEI ZHAOMING SHEJI

人们在研究自然界的物体时，把它分为发光体和非发光体。人们生活、工作在白昼的循环往复中，光成了人们不可缺少的部分。发光体是指能吸收光线并反射给人的视觉器官的物体，如太阳、电灯等，非发光体是指无法吸收光线反射给人的视觉器官的物体。

从照明的角度来说，光源可以分为自然光源和人工光源。以自然光为主的光源为自然光源，以电灯等为主的光源为人工光源。自然光源进入住宅室内主要通过门、窗、天井、天窗等，这些住宅室内环境部位的设计是自然光源环境设计的重要内容，如传统建筑设计采用坐北朝南的方位，前后设置的门窗有利于通风和采光。人工光源主要在光照条件不足的环境或夜间环境中照明使用。自然光源照明和人工光源照明如图 7-0-1 和图 7-0-2 所示。

图 7-0-1　自然光源照明

图 7-0-2　人工光源照明

在住宅室内环境中，不同的光照条件会使空间环境发生不同的变化，从而影响空间环境的表现形式，使得人们产生不同的心理变化。光照明亮的空间环境能使人心情愉悦、精神振奋；光照昏暗的空间环境使人郁闷不安、精神恍惚。

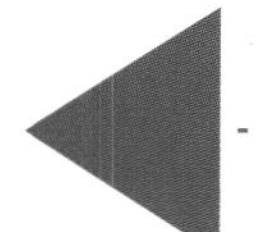

第一节 照明目的与控制

一、照明的目的

作为住宅室内环境的照明，其照明的目的归纳起来体现在以下三个方面。

1. 促进安全和防护

安全防护是照明最基本的目的，是人们在住宅室内环境中最基本要求之一。必须为人活动的空间环境提供应有的照明。对任何空间环境而言，合理的照明系统配置是必需的。促进安全和防护的照明如图 7-1-1 所示。

图 7-1-1　促进安全和防护的照明

2. 满足视觉活动需求

人的视觉活动是要依赖于光的，没有光照的话，任何形式的视觉活动和生活工作都是枉然。在住宅室内环境中，由于生活的需求和工作性质的不同，所以人的视觉活动的形式也不同，进而对于照明条件的要求也不一样。满足视觉活动需求的照明如图 7-1-2 所示。

图 7-1-2　满足视觉活动需求的照明

3. 营造特定的环境氛围

在住宅室内环境的照明系统中，除了保证安全和满足视觉活动需求外，还要考虑照明所营造的特定的环境氛围。住宅室内的环境氛围营造也是照明设计必须考虑的问题之一。营造特定的环境氛围的照明如图 7-1-3 所示。

图 7-1-3　营造特定的环境氛围的照明

二、照明的控制

在住宅室内环境的照明系统中，由于不同功能空间对照明要求的不同，以及照明条件的变化等原因，会直接影响照明效果的好坏。因此，必须对照明系统中的相关因素进行控制。

1. 照明水平的控制

照明系统中的亮度与照度被共同称为照明水平。住宅室内环境的照明水平一方面要取决于视觉功能的满意度，另一方面还要考虑人对视觉环境的满意度。

2. 最佳亮度的控制

在住宅室内环境中的照明地带主要可以分为天棚地带、周边地带及使用地带。对不同的照明地带的控制是不同的，三种地带的照明水平应保持微妙的平衡，减少对视觉的影响。

天棚地带：常用为一般照明或工作照明，由于天棚所处的位置，对住宅室内的整体照明效果起到至关重要的作用。

周边地带：人们在住宅室内环境中经常使用的地带，一般性的活动都是在这些区域内完成的，所以周边地带的照明要力求简单实用，有时周边地带的照明亮度应大于天棚地带以满足使用者的需求，否则将造成视觉混乱，而妨碍对空间的理解和对方向的识别。

使用地带：特殊工作性质的工作台面的照明区域，如书桌、工作台等。这些区域照明要根据工作的性质采取不同的、符合要求的照明水平。

3. 眩光与控制

眩光是指光源在某一位置或角度下，在观察者的视野内产生不适的亮区。眩光对视觉可产生多种感觉，从轻度的不舒适到瞬间的失明。眩光产生的大小、强弱与光源的尺寸、数目、位置和亮度有关。室内炫光如图 7-1-4 所示。

图 7-1-4　室内炫光

眩光可分为直接眩光和反射眩光。直接眩光是在观察者正常视野内出现过量的光源所引起的；反射眩光是光源在光滑的物体表面上产生反射现象，进而在眼睛内过量射入的反射光线。

眩光的产生与灯具有直接的关系，因此控制眩光也必须从灯具开始。对于眩光的控制：一是选取合理的照明水平；二是可以采取遮挡光源的办法，对光源进行合理的遮挡（见图 7-1-5）。

图 7-1-5 炫光控制

第二节 光源的类型及灯具的形式

一、光源的类型

1. 白炽灯

白炽灯（见图 7-2-1）一般情况下其内部都是在两根金属支架间夹住一根灯丝，通电后的灯丝在有某种气体或真空的灯泡中发热而发光。白炽灯的显色性能优良，启动时间极短，通电即亮，且持续发热发光没有频闪现象，在住宅室内环境中适用于一般照明和气氛照明（见图 7-2-2）。但其缺点是使用寿命短，发光效率较低。

图 7-2-1 白炽灯

图 7-2-2 白炽灯的应用

2. 荧光灯

荧光灯（见图 7-2-3）是一种低压放电灯。灯管内是荧光粉涂层，它能把紫外线转变为可见光，并根据需要呈现冷白色、暖白色等。荧光灯照明时产生均匀的散射光，发光效率为白炽灯的 1000 倍，其寿命为白炽灯的 10 倍，因此荧光灯不仅节约电，而且可以节省一定的更换费用。荧光灯在住宅室内环境中使用率相当高，基本适合任何形式的房间。但其亮度比白炽灯低，且有一定的频闪现象，灯具的尺寸较大，不适合做强光照明使用。荧光灯的应用如图 7-2-4 所示。

图 7-2-3 荧光灯

图 7-2-4 荧光灯的应用

3. 氖管灯

氖管灯（见图 7–2–5）也称为霓虹灯，在住宅室内环境中运用较少，多用于商业标志和艺术照明，也被用于一些建筑的装饰照明。霓虹灯有丰富的色彩变化，主要是由管内的荧粉涂层和充满管内的各种混合气体综合作用而形成的。

图 7–2–5　氖管灯

4. LED 灯带

LED 灯带（见图 7–2–6）是指把 LED 组装在带状的柔性线路板硬板上，因其产品形状如带子一样而得名。因为 LED 灯带的使用寿命长且绿色环保而逐渐在住宅室内环境或各种装饰中得以运用。LED 灯带在住宅室内环境中主要作为情景照明和情调照明使用。

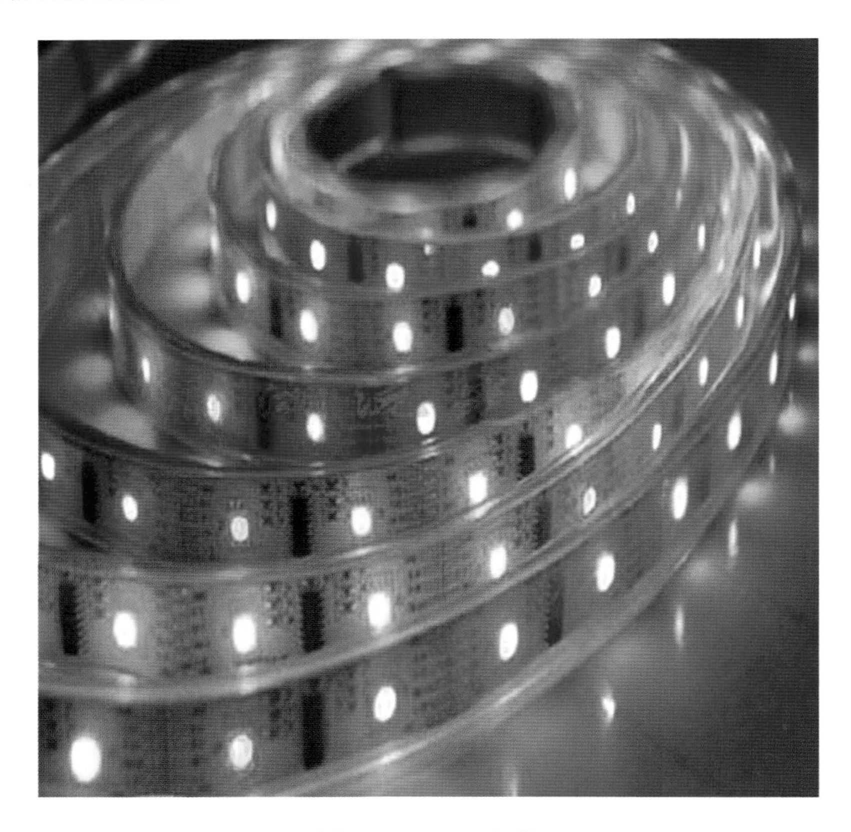

图 7–2–6　LED 灯带

二、灯具的形式

1. 吸顶灯

一般将直接固定于顶棚上的灯具称为吸顶灯（见图 7-2-7）。在住宅室内环境中吸顶灯多用于整体照明，如客厅、卧室等地方使用的顶置灯具。

图 7-2-7　吸顶灯

2. 嵌入式灯

一般将嵌入式方法安装的灯具称为嵌入式灯（见图 7-2-8）。嵌入式灯可以分为聚光型和散光型，聚光型灯一般用于特殊要求照明的地方，如装饰柜、酒柜等；散光型灯一般多用作特殊照明以外的辅助照明，如走廊、过道等的照明。

图7-2-8　嵌入式灯

3. 吊灯

吊灯（见图 7-2-9）是利用导线或钢管将灯具从顶棚吊下来的灯具。吊灯可以分为整体照明型和局部照明型：整体照明型具有整体照明的效果，如餐厅、客厅等的照明；局部照明型一般用于局部照明，门厅、过道等的照明。

图 7-2-9　吊灯

4. 壁灯、台灯、落地灯

壁灯一般安装在墙壁上或立柱上，除了具有照明功能外，还具有很强的装饰性，使平淡的界面变得光影丰富。台灯和落地灯一般坐落于桌面上和地面上，起到局部照明的作用，用于读书、工作、学习等。壁灯、台灯、落地灯基本上采取遮蔽部分光线的方法进行照明，所以其光线都比较柔和，除常规照明外，也常被作用于环境照明，可使住宅室内气氛显得优雅。壁灯、台灯、落地灯如图 7-2-10 至图 7-2-12 所示。

图 7-2-10　壁灯

图 7-2-11　台灯

图 7-2-12　落地灯

5. 轨道灯

轨道灯（见图 7-2-13）由轨道和灯具组成，灯具常为射灯，可以沿轨道移动，加上灯具本身可改变投影的角度，通过集中照射以突出一些特别需要强调的物体，所以轨道灯是一种常用的局部照明灯具。

图 7-2-13　轨道灯

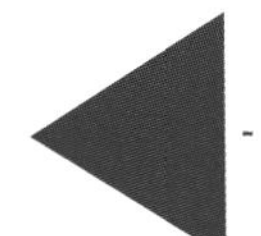

第三节 照明方式

根据照明的设备、照明的水平、灯具的类型、材料的特性、灯具安装的方式以及照明的目的，在住宅室内环境中照明的方式是不同的。根据不同的空间的照明需要来调整改变照明的方式是住宅室内环境照明的重要问题。若将照明设备安置于室内环境相对较高的空间时，照明的方式主要可以分为以下几种形式。

一、直接照明

将 90%～100%的光线直接从天棚到地面由上至下照射到被照物体上，使其具有强烈的明暗对比关系并可产生生动的影像。由于其光线直射于目的物，若被照物体的表现较光滑或反射率较高，容易产生眩光效果。直接照明如图 7–3–1 和图 7–3–2 所示。

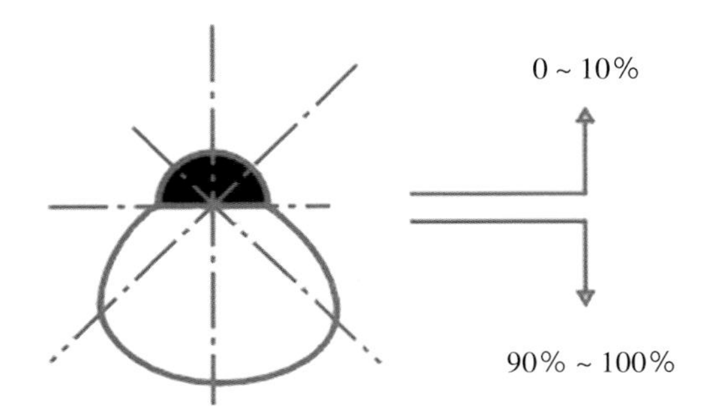

图 7–3–1　直接照明

图 7–3–2　室内直接照明

二、半直接照明

将 60%～90%的光线从天棚到地面由上至下照射到被照物体上，其余 10%～40%的光则向上进行反向照射，即大部分的光线用于直接照明，小部分的光线用于环境照明。半直接照明如图 7–3–3 和图 7–3–4 所示。

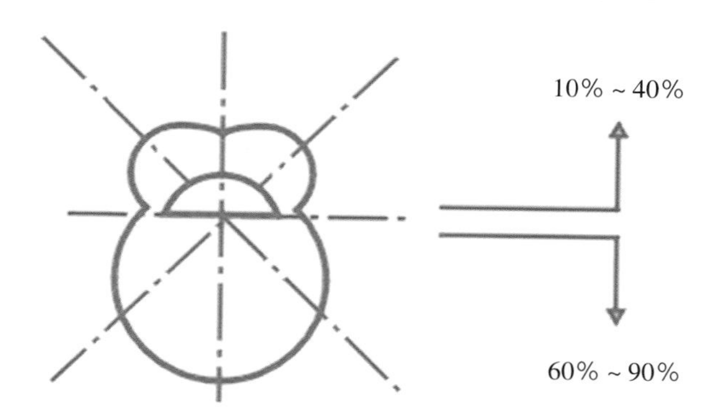

图 7–3–3　半直接照明

图 7–3–4　室内半直接照明

三、 直接间接照明

将 50%左右的光线分别采取相反的方向进行照射的方法，即直接间接照明的方式对地面和天棚采用近似于相同的照度，而由于照明装置的遮挡使发光体横向四周的光线很少。直接间接照明如图 7–3–5 和图 7–3–6 所示。

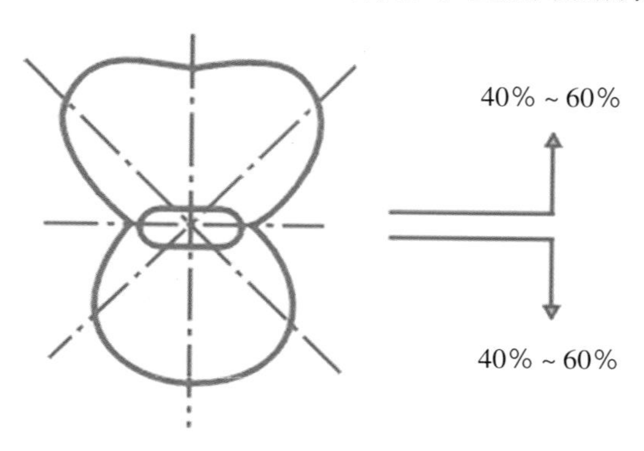

图 7–3–5　直接间接照明

图 7-3-6 室内直接间接照明

四、半间接照明

将 60%～90% 的光线向天棚或墙面上部照射，把天棚作为主要的反射光源，而将 10%～40% 的光直接向下照射到地面或工作台面上。如此一来，从天棚反射来的光线趋向于软化阴影和柔和光线。半间接照明如图 7-3-7 和图 7-3-8 所示。

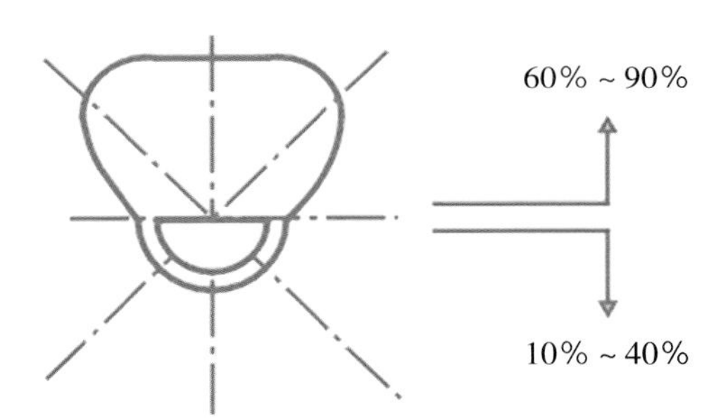

图 7-3-7 半间接照明

图 7-3-8 室内半间接照明

五、间接照明

将 90%～100%的光线向上方直接射向天棚，其余微乎其微的光线射向地面，这种依靠光线发射进行照明的方法是间接照明常用的照明方式，也可以避免光线对物体或人眼的刺激，减少阴影效果的产生。间接照明如图 7–3–9 和图 7–3–10 所示。

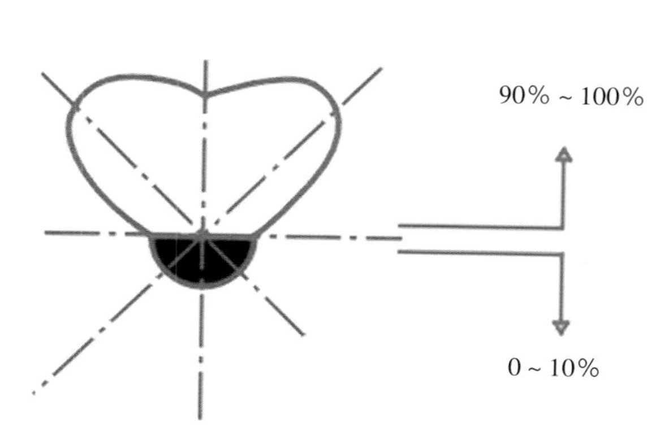

图 7–3–9　间接照明

图 7–3–10　室内间接照明

六、重点照明

重点照明是指在住宅室内环境中，为突出特定场所或特定对象的特色、结构或部位等，对其进行重点投光的照明方式，从而凸显其特点，增加阴影效果。装饰柜、酒柜、博古架等的重点照明如图 7–3–11 所示。

图 7–3–11　重点照明

七、漫射照明

漫射照明是指将照明设备的发光体利用各种特殊材料的灯罩形式进行包裹，从而造成光线漫射效果的照明方式。这种照明方式使光线对所有方向的照明几乎都一样，可以用于降低照度、控制眩光、营造环境氛围所用。漫射照明如图 7–3–12 所示。

图 7-3-12 漫射照明

第四节 居室照明设计

一、客厅

客厅是整个住宅中最重要的空间之一，是人们交流、会客、视听、休闲的场所。所以客厅以选用庄重明亮的吊灯或吸顶灯为宜，再配以荧光灯、灯带或落地灯。如果客厅的空间较高，宜用吊灯，这样可使客厅显得通透富有层次变化；如果客厅的空间较低，则用吸顶灯，这样客厅显得宽敞大方。此外，灯具的造型与灯光的色彩要与客厅的布置与家具的摆设相协调。客厅如图 7-4-1 所示。

图 7-4-1 客厅

二、卧室

卧室是人们休息、睡觉的场所，所以卧室的亮度不会要求太高。卧室里主要的灯具类型有吸顶灯、落地灯、床头灯等，可以根据使用需要随意调整，营造出温馨的气氛，也可以在特定的墙面加装漫射型壁灯等，使卧室的整体光线显得光线柔和且丰富多彩。卧室如图 7-4-2 所示。

图 7-4-2　卧室

三、餐厅

餐厅是人们进餐的场所，所以灯具的安装要结合餐桌的摆放位置，一般采用中等亮度的吊灯，将灯具悬于餐桌的正上方。吊灯的灯罩宜用外表光洁的玻璃、塑料或金属材料，以便随时擦洗，保持干净。另外，灯光的色彩可以选择暖色光以增进食欲。餐厅如图 7-4-3 所示。

图 7-4-3　餐厅

四、书房

书房是人们阅读、工作的场所，书房的灯光要以功能性为主要考虑，选择吸顶灯、落地灯、台灯为宜。为了减轻长时间阅读、工作所造成的视觉疲劳，灯光的亮度应选择明亮柔和的光线。台灯的选择要适应工作性质和学习需要，常用白炽灯、荧光灯，选用带反射罩、下部开口的直射台灯。在书柜内可以安装小型射灯，不但可帮助辨别书名，而且可以保持温度，防止书籍潮湿腐烂。书房如图 7–4–4 所示。

图 7–4–4 书房

五、厨房、卫生间

厨房、卫生间在整体住宅室内环境中是具有特殊性质的场所。厨房、卫生间及过道里一般使用吸顶灯或嵌入式的集成灯，因为这些地方需要照明的亮度不大，且水汽大、灰尘多，用吸顶灯或集成灯便于清洁，而且利于保护灯泡。厨房中灯具要安装在能避开蒸气和烟尘的地方，宜用玻璃或陶瓷灯罩，便于擦洗又耐腐蚀。卫生间则应采用明亮柔和的灯具，同时灯具要具有防潮和不易生锈的功能。此外，在厨房的灶台处及卫生间的化妆镜处要设置亮度较高的灯具以满足特殊要求。厨房和卫生间如图 7–4–5 和图 7–4–6 所示。

图 7–4–5 厨房

图 7-4-6　卫生间

在住宅室内空间的照明设计中还要注意光能的利用问题。光照作为能源的一部分，是一种显而易见的消费。为了能够合理、充分地利用有效的能源，达到能源消耗的最小化，在设计中要注意以下几点：

（1）选择照明水平最适宜的灯具；

（2）选择维护系数较高的灯具；

（3）充分利用自然光。

思考题

1. 照明设计的主要目的是什么？
2. 照明设计的控制方法有哪几种？
3. 照明设计的光源类型有哪几种？其主要特点分别是什么？
4. 照明设计的照明方式主要有哪几种形式？

第八章

住宅室内设计实践

ZHUZHAI SHINEI SHEJI SHIJIAN

第一节 住宅室内设计案例解析

一、三口之家住宅室内设计解析

引用武汉光环映像设计公司罗凌设计师的作品，对案例进行分析评价，有一定的启发性。

业主是多媒体发烧友，要求营造格局新颖，有开阔的室内空间，具备满足聚会的大空间，满足聚会、交流、看电影、分享音乐的需求，注重年轻与时尚。

设计师根据业主要求进行设计，三室两厅的室内空间基本满足现代居住要求，空间合理地搭配能够使家居显得殷实和紧凑。在 130 m^2 的空间中，通过空间改造，厨房采取半通透处理，以避免油烟，并增加视觉通透性。将主卧邻近房间进行分隔利用，增加了更衣间和开放式书房。书房与客厅的融合使客厅面积增大，满足了聚会中就座区域的要求，使空间通透宽敞。主次卧室的布局给青年夫妻和小孩子提供了各自独立的空间（见图 8–1–1 和图 8–1–2）。

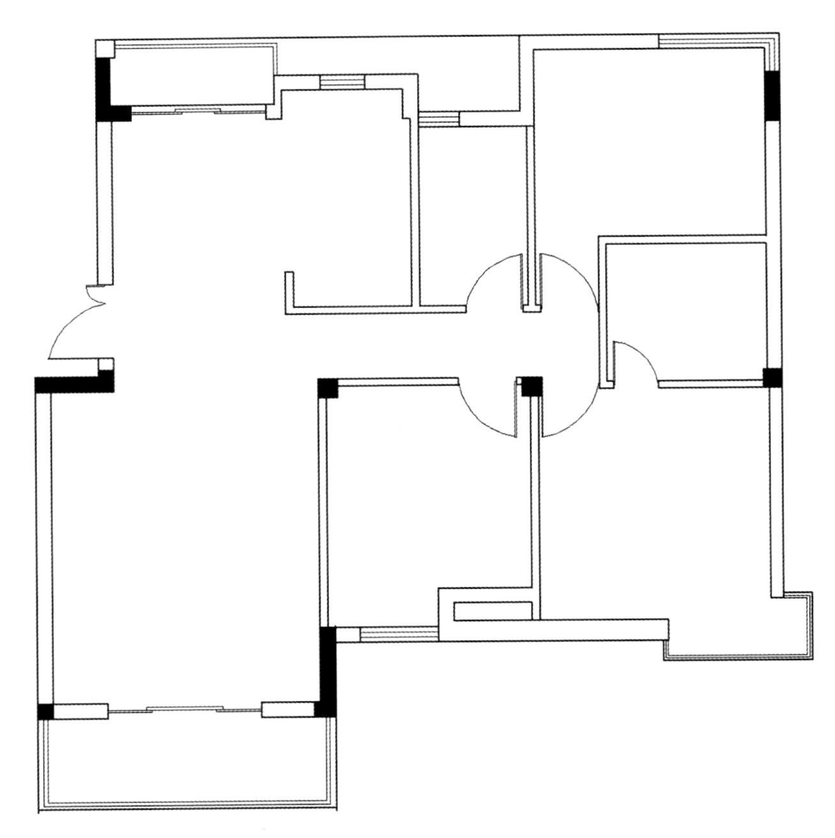

图 8–1–1 原始平面图

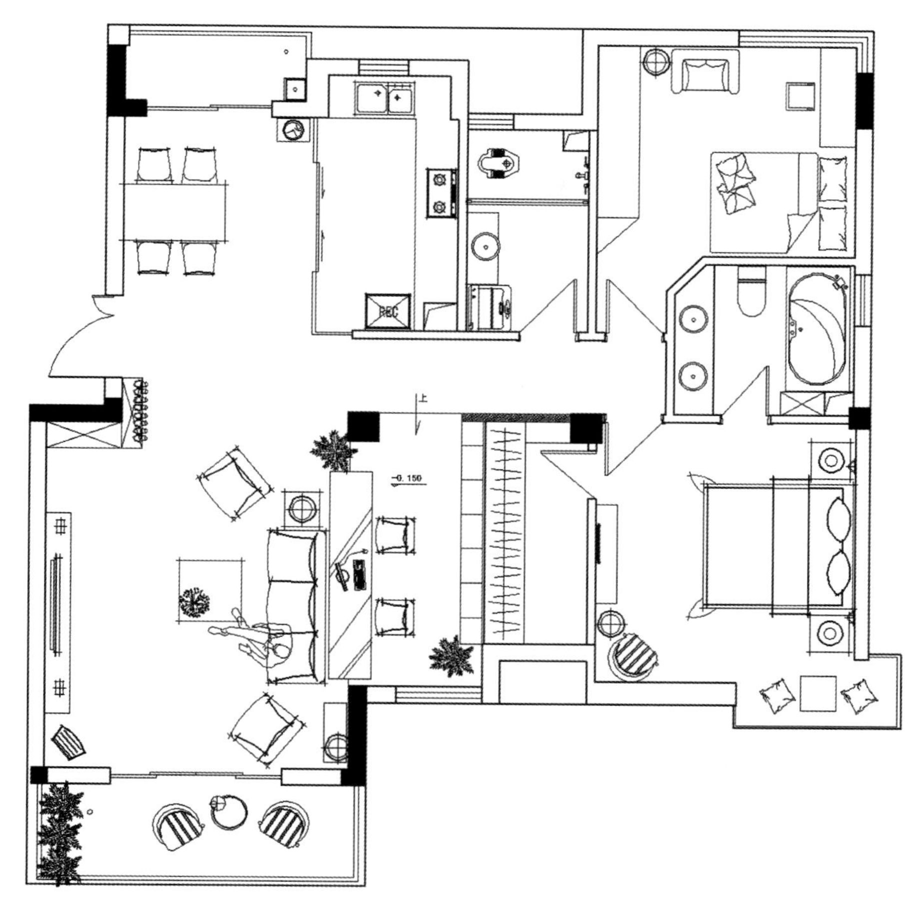

图 8-1-2　平面布置图

客厅布置简单大方，空间上呈现半开放格局，地中海式拱梁增加了室内的亮度和通透感。色彩主要以暖色调为主，利用米黄色墙面、棕色窗帘、原木色材料与白色脚线、门窗套以及黑色复古灯饰，黑色镜子电视背景墙，形成层次分明的鲜明对比，满足了业主喜爱时尚色彩的需求，并且扩大了空间感受。半开放式客厅如图 8-1-3 所示。

图 8-1-3　半开放式客厅

餐厅空间设计简洁，色彩延续住宅的整体格调，暖色的灯光重点照射在餐桌上，营造温馨浪漫的气氛。餐厅如图 8-1-4 所示。

图 8–1–4 餐厅

主卧室（见图 8–1–5）的设计采用暖色基调，以米色和褐色为主，白色和黑色起协调作用。不同尺寸的白色相框规整地装饰在棕色墙面上，清晰明快，为主卧室增添了生活情趣。主卧室墙面装饰如图 8–1–6 所示。

图 8–1–5 主卧室

图 8–1–6 主卧室墙面装饰

卫生间（见图 8–1–7）运用深灰色和棕色仿古砖搭配，形成鲜明的对比和突出功能分区。顶面采用指接板，使生活融入自然，提高生活品质。洗手台下设置栅格支架，增加了储物空间。

图 8–1–7　卫生间

书房（见图 8–1–8）的设计以整面白色书柜为主，最大程度营造出储物空间。并且利用书房与更衣间的隔墙，充分利用了空间。书房的计算机直接与客厅的电视连通，业主根据自身需求在制作音乐视频后，可以直接通过电视观看制作效果。

图 8–1–8　书房

二、地中海风格住宅室内设计解析

此案例为三室两厅复式结构，面积是 150 m²，设计师以“自然的唯美”为主题，追求空间感性的情愫，让人有进入细腻与灵秀交织的都会殿堂之感。充分体现家是沉淀思绪和释放身心的殿堂，带动生活中最细微纯粹的生命感与热情，恰如舞姿中交融的体态和感情。运用材料坚挺与柔软的属性，引入空间功能需求，并与空间相互依存。

案例主要采用材料：斑马木、复古砖、桑拿板、地板等。

房屋一层的楼梯正对着入户大门，显得格外突兀；餐厅比较狭小，四周墙面具有门洞，破坏了墙体的完整性；客厅虽然与两个阳台相连，却使电视背景墙的尺寸缩小、受到约束。一层原始平面图如图 8-1-9 所示。

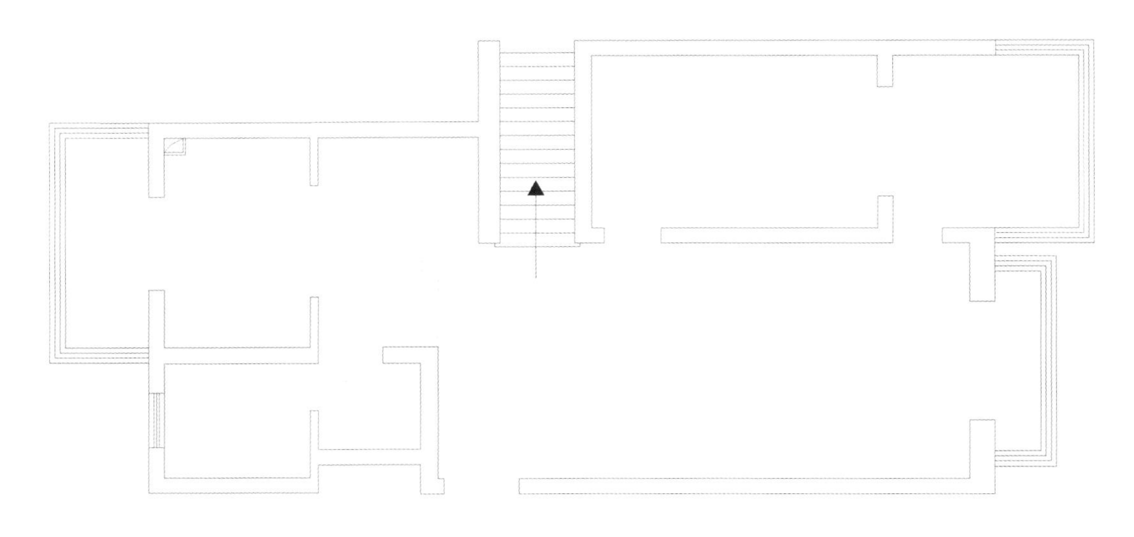

图 8-1-9　一层原始平面图

设计师对原始厨房和餐厅的空间进行改造，将厨房空间移至阳台，由此扩大餐厅的使用空间和提高生活品位。另外促成楼梯的布局改变成“L”形，从餐厅一侧上楼，不至于入户大门与楼梯对立。将背景墙整体化，使空间功能趋于明确。一层平面布置图和二层平面布置图如图 8-1-10 和图 8-1-11 所示。

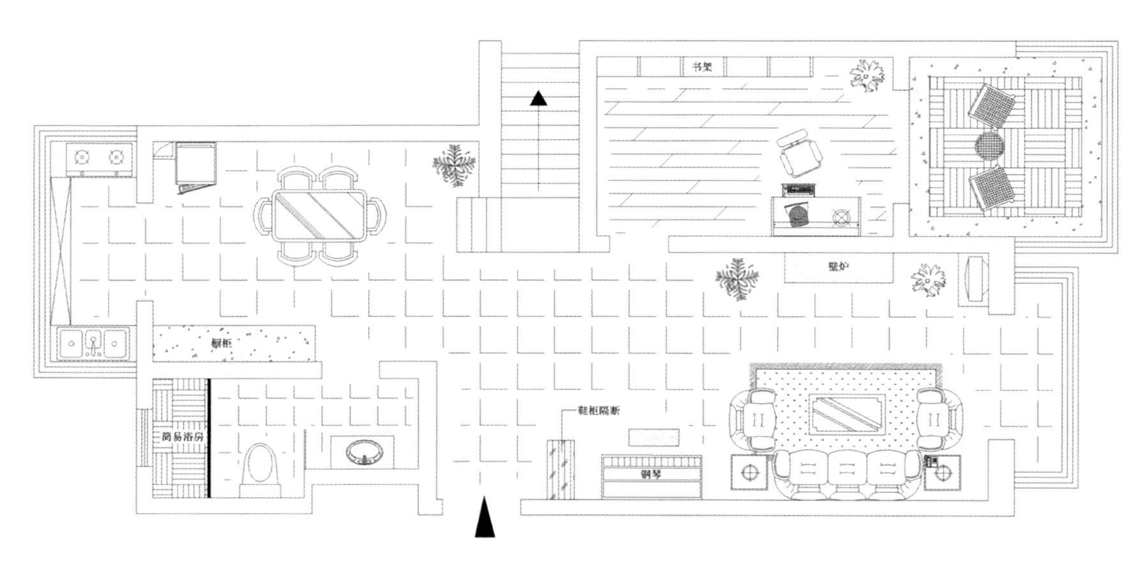

图 8-1-10　一层平面布置图

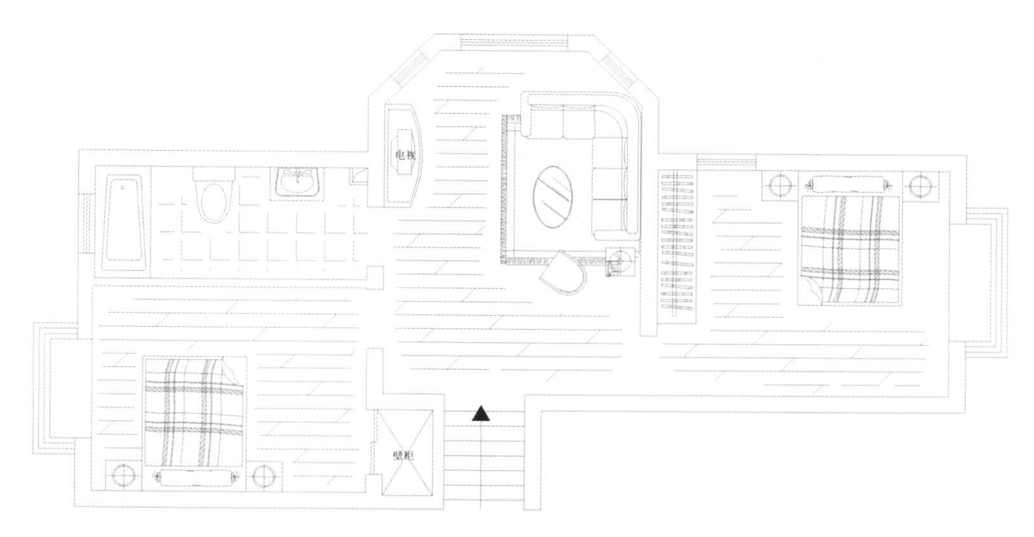

图 8–1–11　二层平面布置图

住宅室内地中海风格主要体现在色彩搭配上，蓝色和白色的主体搭配，配饰一些木材料、仿古地砖和布艺纹理等，使室内显得古朴自然。客厅如图 8–1–12 所示。

图 8–1–12　客厅

由于是复式结构，一层客厅的功能自然脱离了电视等电子产品，而选择壁炉作为与沙发区对应的家具主体，家具搭配上显得更加统一。客厅壁炉如图 8–1–13 所示。

图 8–1–13　客厅壁炉

根据地中海风格的表现，书房家具主要采用原木家具。门洞造型采用圆拱形作为风格的体现。书房里更加注重实用性和业主的爱好。书房和阳台如图 8–1–14 和图 8–1–15 所示。

图 8–1–14　书房和阳台一

图 8–1–15　书房和阳台二

楼梯（见图 8–1–16）墙面依然沿用蓝色背景，突出地中海风情，顶部的特色设计和照明带来的烘托效应是本设计中一大亮点。

图 8–1–16　楼梯

三、黑白搭配住宅室内设计解析

对于有一定经济实力的中青年家庭来说，时尚的他们更爱追求黑白搭配的另类格调。设计师通过吧台的布置巧妙地将门厅玄关显现出来，入户即可感受到不同的生活氛围。开放式厨房的布局虽然让餐厅偏安一处，书房的“L 形”书柜和窗前低柜让业主有最大存储书籍空间。同时，巧妙地运用书桌和书柜分割了主卧室与书房，既可以保证采光的需求，又不会在读书时受到干扰。平面布置图如图 8–1–17 所示。

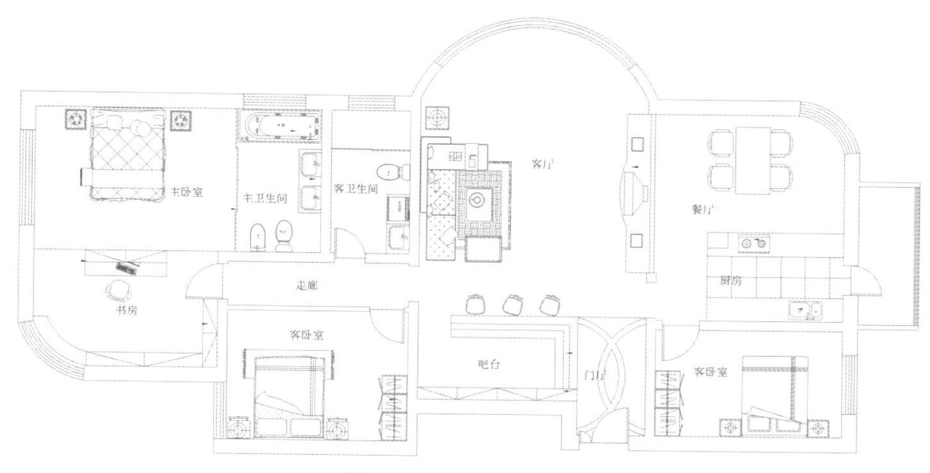

图 8-1-17　平面布置图

入户一侧通过立面造型和材料色彩分割，形成入口放置物品的平台。运用银镜折射酒吧和客厅沙发区，使空间相互辉映。另外在墙角处安装造型壁灯，烘托气氛十足，是玄关设计的一处亮点。门厅效果图如图 8-1-18 所示。

图 8-1-18　门厅效果图一

通过不同尺寸的墙砖和马赛克形成多变多彩的吧台立面，让人入户后有放松和愉悦的感觉。黑色光泽的顶面造型在筒灯的照射下显得格外闪亮。门厅效果图如图 8-1-19 所示。

图 8-1-19　门厅效果图二

简单的吊顶和以圆形为设计元素的黑色镜面背景墙，在宽大的客厅中展现了些许灵性。精致和高雅的家具展现了业主的生活品质。客厅效果图如图 8–1–20 所示。

图 8–1–20　客厅效果图一

利用圆形作为墙面的设计元素，与酒吧和地面方形地砖相对应的墙面造型，通过黑白灰三色的搭配，在没有其他色彩的环境下也有很多的变化。客厅效果图如图 8–1–21 所示。

图 8–1–21　客厅效果图二

开放式厨房，将灶台放置在墙面一侧，以避免危险的发生。米色的灯具给黑白色调的家居环境带来温暖感。餐厅效果图如图 8–1–22 所示。

图 8–1–22　餐厅效果图

运用书柜分割空间并与书桌成为一体，合理地运用了空间又不相互干扰。另外运用地面材料来辅助划分空间，形成宁静和轻松的不同氛围。书房效果图如图 8-1-23 所示。

图 8-1-23　书房效果图

圆形装饰镜在不同空间里扮演着不同的角色和地位，在通透的空间中有着相同形态上的联系。纱幔和宽厚的床沿让卧室更加舒适和具有生活情趣。主卧室效果图如图 8-1-24 所示。

图 8-1-24　主卧室效果图

黑色的瓷砖映衬着白色的洁具和装饰墙，让卫生间显得格外干净和整洁。主卫生间效果图如图 8-1-25 所示。

图 8-1-25　主卫生间效果图

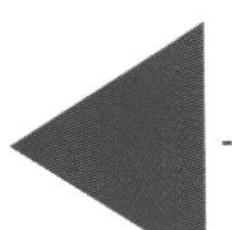

第二节 住宅室内设计案例赏析

一、翡翠城别墅住宅室内设计案例赏析

翡翠城别墅住宅室内设计案例赏析如图 8-2-1 至图 8-2-8 所示。

图 8-2-1　入口

图 8-2-2　客厅

图 8-2-3　餐厅

图 8-2-4　书房

图 8-2-5　卧室一

图 8-2-6　卧室二

图 8-2-7　卧室三

图 8-2-8　卫生间

二、电梯入户复式样板间住宅室内设计案例赏析

电梯入户复式样板间住宅室内设计案例赏析如图 8-2-9 至图 8-2-15 所示。

图 8-2-9　客厅

图 8-2-10　餐厅

图 8-2-11　卧室

图 8-2-12　休闲厅

图 8-2-13　主卧卫生间

图 8-2-14　楼梯间

图 8-2-15　客用卫生间

后记

ZHUZHAI SHINEI SHEJI

“住宅室内设计”在环境艺术设计专业的课程中属于专业必修课程，对专业的学习及专业知识的系统掌握具有重要的作用和意义。通过本课程的学习使学生了解和掌握住宅室内设计的理论知识，培养学生的设计能力，要求学生理解住宅室内设计的理论知识，掌握重点和难点的相关概念。学生应对住宅室内环境进行充分的综合分析，对设计任务有准确定位，并对材料与工艺有具体了解；同时应具备一定的创意思维能力以及方案草图的绘制能力；掌握材料的性质和施工的工艺技术，以便做到设计、表现的一体化。使学生能够独立完成住宅室内空间的综合设计与表达。教育学生理论联系实际，欣赏优秀的室内空间设计作品，能够利用专业的理论知识对住宅室内设计进行客观评价。

本书内容适合环境艺术设计专业的教师和学生阅读使用。本书积累了编者多年的教学成果和实践成果，结构清晰、易读易懂，可以作为高校环境艺术设计专业教材，也可以作为环境艺术设计相关专业的参考用书，同时还可作为环境艺术设计爱好者的自学用书。由于编写时间仓促，编者水平有限，本书难免有欠妥之处，恳请广大读者和相关专业人士批评指正。

编　者

2015 年 1 月

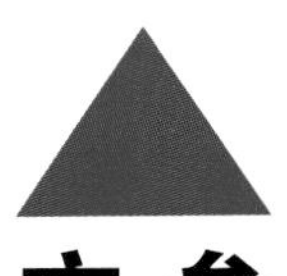

参考文献

ZHUZHAI SHINEI SHEJI

[1] 张玉明.建筑装饰材料与施工工艺 [M].济南:山东科学技术出版社，2004.

[2] 冯美宇.建筑装饰装修构造 [M].北京:机械工业出版社，2004.

[3] 赵思毅.室内光环境 [M].无锡:东南大学出版社，2003.

[4] 张青萍.室内环境设计 [M].北京:北京林业出版社，2003.

[5] 吴家骅.环境艺术设计 [M].上海:上海书画出版社，2003.

[6] 殷正洲.室内设计 [M].上海:上海画报出版社，2009.

[7] 刘吉坤.设计艺术概论 [M].北京:清华大学出版社，2004.

[8] 李朝阳.室内空间设计 [M].北京:中国建筑工业出版社，1999.

[9] 杨易.建筑室内设计 [M].上海:同济大学出版社，2001.

[10] 胡飞.中国传统设计思维方式探索 [M].北京:中国建筑轻工出版社，2007.

[11] 郑曙旸.室内设计资料集 [M].北京:中国建筑工业出版社，1993.

[12] 郑曙旸.环境艺术设计 [M].北京：中国建筑工业出版社，2007.

[13] 吕永中，俞培晃.室内设计原理与实践 [M].北京：高等教育出版社，2008.

[14] 易西多.室内设计原理 [M].武汉：华中科技大学出版社，2008.

[15] 冯冠超.中国风格的当代化设计 [M].重庆:重庆出版社，2007.

[16] 张世礼.中国现代室内设计研究散记 [M].北京:中国室内出版社，2001.

[17] 胡涓涓，万翠蓉.色彩在家具与室内装饰设计中的运用家具与室内装饰 [M].北京:北京大学出版社，2008.

[18] 董秀梅.室内装饰设计趋势分析 [J].黑龙江科技信息，2007(05).